平凡社新書
1057

民間軍事会社

「戦争サービス業」の変遷と現在地

菅原出
SUGAWARA IZURU

HEIBONSHA

民間軍事会社●目次

目次

まえがき――民間軍事会社を通して世界を見る

「民間軍事会社」と聞いて何を思い浮かべるだろうか？

最近この言葉を聞いた人の中には、「ロシアの民間軍事会社ワグネル」や同社のエキセントリックな創設者、エフゲニー・プリゴジンの顔を思い浮かべるかもしれない。

もしくは、少し前の記憶を呼び起こして「ブラックウォーター」という社名や、私服にボディーアーマーを着こみ、濃いサングラスをかけ、自動小銃を持って紛争地を駆け回る典型的な民間武装警護員の姿を思い浮かべるかもしれない。

筆者が民間軍事会社（PMC）について知り、その得体の知れない存在に興味を持つようになったのは、オランダに留学していた一九九〇年代半ばのことだった。ひょんなことからクロアチアとの民間交流にかかわるようになり、同国の歴史を調べていくうちに、クロアチアの独立に際して、同国の軍隊の近代化に米国の民間軍事会社MPRI社が貢献していたことを知った。聞いたことのない社名だったが、これが筆者と民間軍事会社との出会いであった。

またアムステルダム大学でアフリカ史のゼミを受講していたころ、アフリカ大陸の天然資源を開発する欧州系企業の活動を研究していた。そうした企業の権益を守るために英国陸軍特殊部隊出身の元軍人たちが特殊な「警備会社」を設立し、石油のパイプラインや精製施設の警備、現地の治安部隊の訓練等に携わっていた記録を読んでいくうちに、紛争地やハイリスク国で人知れず活動している元軍人たちや彼らを派遣する会社の存在に強い関心を持つようになった。

その後、このテーマへの興味をピークに至らせ、本格的な調査へと筆者を駆り立てたのは、二〇〇三年に米国が始めたイラク戦争だった。本書ではこの戦争における民間軍事会社の活動について詳しく解説するが、日に日に治安が悪化し、世界最強の米軍がイラク反政府勢力の武装反乱に苦戦して泥沼に陥る中、元軍人の民間人たちが武器を持ち、警備や警護業務に駆り出されている様子が大手メディアでも大々的に報じられた。

復興事業が始まる中で治安の安定しないイラクに、米国が十四万人の兵力を投入した他、英国は九千人、ポーランドは二千五百人、イタリアは三千人、ウクライナは千六百人、スペインが千三百人、オーストラリアが九百人、ルーマニアが七百人の兵士たちを、そして日本も約六百人の自衛隊員を派遣した。

これに対して、米国の民間軍事会社ブラックウォーター社は八百人、トリプル・カノピー社は千人、ディン・コープ・インターナショナル社も千人、英国のオリーブ・セキュリティ社が七百人、グローバルリスク・インターナショナル社が千二百人、アーマーグループ社が千六百人というように、「民間軍事会社」と呼ばれる民間企業がイラクに派遣する元軍人たちの数は、総勢二万人を超えていた。

一国の軍隊が派遣しているのと同じ規模の人員を、民間企業わずか一社で派遣しているケースもみられた。さらに彼らの請け負う仕事には、軍の基地や政府施設の警備から、食糧や武器・弾薬の輸送警護、兵器システムの維持・管理、地雷や不発弾の処理から現地治安部隊の訓練まで、正規の軍隊が行うのと何ら変わらない業務が多く含まれていた。

これはいったいどういうことなのか？　いったい何が起きているのか？　なぜこれほどたくさんの民間人たちが、紛争の続く危険地で軍隊と同じような任務についているのか？

現代の戦争の実情、安全保障の現場で起きていた不思議な現象の本質を理解したいという思いが強まった。

そこで米国や英国の大手民間軍事会社を訪問し、経営者や社員たちに取材を重ね、「対テロ戦争」が続いていたイラクやアフガニスタンに渡り、彼らの活動の一端を垣間見た。また二〇〇五年から数年間は、いくつかの偶然が重なったこともあって、英国の大手企業アーマーグループの事業に携わり、この不思議な世界を内側から見る機会も得た。

基本的にこの業界にいるのは、軍の特殊部隊や情報機関のOBたちばかりで、長年国家の隠密作戦に携わっていたせいか、ジャーナリストや外部の研究者を極度に警戒する傾向が強い。彼らと付き合って分かったのだが、基本的に彼らは「味方か？　それ以外か？」という識別コードで他者を分類し、「味方」と認識しない限り決して心を開くことはない。

そのため外部から、彼らの独特の世界の内情を知ることは極めて困難である。ただし、いったん彼らのコミュニティの中に入り込めれば、彼らの「論理」や「行動様式」、「常識」を知り、民間軍事業界に対する理解を深めることが出来た。

その後も個人で危機管理コンサルタントとして、日本企業や団体の海外事業のセキュリティ業務に携わったため、この「業界」の人たちとの接点は現在でも多い。

本書の内容は基本的に公開情報をベースに書かれているが、随所に「インサイダー」としての視点が感じられるとすれば、それは筆者が彼らとともに「内側」で過ごした経験から来るものである。

本書は四つのパートで構成されている。第一章では、民間軍事会社について詳しく解説する。歴史的な経緯や具体的なサービスが生まれた背景、業界発展の転機となった国際政治、安全保障上のイベントや国際環境、安全保障上のニーズの変化を分析することで、民間軍事会社の役割や社会における位置付けを確認することが出来る。

第二章では、先進国とは政治や経済をはじめ、様々な事情が大きく異なる途上国、とりわけ国家の統治が著しく脆弱なアフリカにおける民間軍事会社の役割に焦点を当てる。国家の軍隊が反政府武装勢力を鎮圧出来ずに内戦が長期化したアンゴラやシエラレオネにおいて、「戦闘行為」をサービスとして提供して国軍を助けた南アフリカの伝説的な会社、エグゼクティブ・アウトカムズ社（EO）の活動を取り上げる。

第三章では、民間軍事会社に対する需要が爆発的に増大した対テロ戦争とイラク戦争にフォーカスを当て、「PMCバブル」とまで言われ民間軍事業界が膨れ上がった背景や、その中で発生した様々な事件の分析を通じて、平時と有事の境界が曖昧になり「戦争」の概念が変化した時代の民間軍事会社の意義を明らかにしたい。

第四章では、現代の戦争における民間軍事会社の役割を見ていく。とりわけ新たな「戦場」となりつつあるサイバー空間をめぐる民間軍事会社の活動や、ロシア・ウクライナ戦争で一躍脚光を浴びたロシアのワグネル社の活動を詳細に検証することで、ロシアの戦争や対外戦略の特徴を浮き彫りにする。さらに中国の対外戦略を陰で支える中国の民間軍事会社の実態にも光を当て、大国間競争時代の民間軍事会社の意義や役割について考えていきたい。

民間軍事会社は紛争現場やハイリスク地域の最前線で、各国の安全保障政策や企業のセキュリティ対策を履行する実施部隊の一つである。そして彼らはよくも悪くも、それぞれの国家の政策を反映する鏡である。民間軍事会社の動向を追うことで、政策の進捗や成否、政策当局者の思惑や政治的な矛盾が見えてくるからだ。それゆえ本書の内容は、民間軍事会社という特殊なレンズを通じて見えてくる様々な国家間対立や戦争の物語にもなっている。

本書を通じて、〝なぜ民間軍事会社がこの世に存在しているのか〟、この根源的な問いに対する筆者なりの答えを提示したい。本書が民間軍事会社の本質や戦争の実態を理解する一助になれば幸いである。

第一章　「民間軍事会社」とは何か

「民間軍事会社」の定義

「ロシアの民間軍事会社ワグネルの戦闘員が……」というように日本のメディアでも「民間軍事会社」という用語が頻繁に使われるようになった。「民間」の「会社」なのに「軍事」と関係している……。これは「戦争を商売にしている会社」「民間人を戦場に送り戦闘に従事させることで利益を得ている会社」という印象を抱かせる名称である。他にも「傭兵《ようへい》会社」といった呼び方もしばしば耳にする。

「民間軍事会社」とはいったい何だろうか？

結論から言えば、国際的に確立された定義はない。「警備会社」であれば、通常警備事業法のような法律があり、警備業に当たる業務に関する細かな規定が存在する。国の認定する資格を取得して事業を行うことを認められた会社が「警備会社」を名乗ることが出来るのだ。すなわち「警備会社」が何であるかが法的に明確に定められている。

同じような法的なステータスは「民間軍事会社」にはない。つまり「民間軍事会社」が何であるか、その業務内容や権限等を規定した法律が存在しないのだ。

二〇〇八年九月十七日にスイスのモントルーで採択された「モントルー文書」で規定さ

れた定義が、おそらくこれまででもっとも公的な性格を持つものであろう。

　このモントルー文書は、スイス政府と赤十字国際委員会が協力して開始した取り組みの成果で、紛争地帯で活動する民間軍事会社の行動に関して定めたものだ。二〇〇六年一月と十一月、二〇〇七年十一月、二〇〇八年四月と九月に開催された会議で、アフガニスタン、アンゴラ、オーストラリア、オーストリア、カナダ、中国、フランス、ドイツ、イラク、ポーランド、シエラレオネ、南アフリカ、スウェーデン、スイス、英国、ウクライナ、米国から政府専門家を集めて作成され、市民社会や民間軍事・セキュリティ産業の代表者の意見も取り入れてまとめられた。

　だがこの文書には法的拘束力はなく、国際慣習法にも国際協定に基づく国家の既存の義務にも何ら影響を及ぼすものではない。

　モントルー文書は、「民間軍事警備会社（private military and security companies：略称PMSCs）」という名称を使い、「PMSCsとは、軍事及び安全保障サービスを提供する民間の事業体であり、軍事及び安全保障サービスには、車列や建物や他の施設の武装警備、人及び物の防護、武器システムの保守・運用、囚人の警護、現地の軍隊や治安部隊に対する助言や訓練も含まれる」としている。

しかし現代の「軍事及び安全保障サービス」には、情報収集や分析等のインテリジェンス業務、サイバー空間における脅威からの防護というようなサイバーセキュリティ、偽情報やフェイクニュース拡散を含めた情報戦等の軍事や安全保障にかかわるソフトウェア、すなわち「非戦闘的活動」も多く含まれている。

防衛大学校で教鞭をとられた佐野秀太郎氏は、『民間軍事警備会社の戦略的意義――米軍が追求する21世紀型軍隊』（芙蓉書房出版、二〇一五年）の中で、ＰＭＳＣｓを「国家機関または非国家機関に対して軍事に関わるソフトウェア（非戦闘的活動）、またはソフトウェア及びハードウェア（兵器等の装備品の製造）の双方を、国外または国内外で提供する会社」と定義している。

本書では、これに加えて「軍や諜報機関で培った専門的な知識や技能を使って民間で軍事や安全保障に関するサービスを提供している会社」と広範な定義を適用したい。言うまでもなく、現代においては「軍」と「民」の垣根がますます曖昧なものになっており、何が「軍事に関わる技術や知識」なのかを正確に定義することはもはや不可能となっている。そうした理由からも、はっきりと区別できない部分があることはお許しいただきたい。

また、名称についてはメディアで広く一般的に使用されている「民間軍事会社（ＰＭ

C）」を使う。「民間警備会社」と明確に線引きをしたいからである。このあとで述べる業務内容や成り立ち、具体的な活動の紹介を通じて、「民間軍事会社」とは何かについて、読者の皆さんにはっきりとしたイメージを持っていただければ幸いである。

法と秩序が失われた「有事」における警備・警護業務

では、民間軍事会社と呼ばれる会社が提供している具体的な業務内容を見ていこう。

まず代表的なものとして挙げられるのが政府向けの業務だ。具体的には政府の施設、大使館や領事館をはじめとする在外公館や軍事基地等の警備である。日本では民間警備会社がこうした政府関係施設の警備業務を提供している。日本だけでなく多くの国々においても、その国に置かれる外国の公館の警備を提供するのは、通常各国の民間の警備会社である。民間警備会社とは、前述した通り、その国の法律の下で「警備事業」を提供することを認められた会社のことである。

しかし、国が内戦状態になっていたり、紛争後でその国の政府の統治能力が低下していたりする場合はどうだろうか？　内戦で政府機能がなくなる、もしくはその国の統治能力が著しく低下している状態とは、その国に存在する法律を政府が執行する能力が落ちていることを意味する。

もしある国で政府が反政府勢力と内戦状態にあるとすれば、おそらくその政府は軍や警察を総動員して反政府勢力と戦っているはずである。もしくは軍や警察も、政府側と反政府側に分裂して戦っているかもしれない。いずれにしても、そのような状態にある場合、軍が治安維持業務にあたったり、警察も一般市民による犯罪を取り締まっている余裕はなくなるだろう。つまり、政府の「統治能力」がなくなるということは、その国の法律が機能していない状態を指す場合が多い。

二〇〇三年のイラク戦争直後のイラクはまさにそのような状態だった。米国がイラクに軍事侵攻し、サダム・フセイン政権を打倒し、イラクの政府は一夜にして消えてしまった。それまでのイラクは、強力な警察国家として国民を監視下に置いていたが、その政府がなくなり、国民を取り締まる警察が消えてしまったため、国中で激しい略奪行為が発生した。

大規模災害等が起きて政府機能が一時的に低下すると、どさくさに紛れて略奪行為が発生するのも同様の原理である。

犯罪行為を取り締まる法律を執行する治安機関が機能していない場合、当然ながら犯罪に対する抑止効果が低下するので犯罪が横行し、市民たちは非常に危険な環境での生活を強いられる。二〇〇三年から二〇〇六年頃までのイラクはまさにそのような状態だった。

　そのような状況下でも、外国政府が大使館や領事館等の公館を開設する、もしくは軍が基地を置く等して活動を展開する場合、その国の民間警備会社に警備を任せることが出来るだろうか？　政府でさえ機能しなくなっているのだから、民間企業はさらに困難な状況に置かれていることが予想される。また警備会社は、その国の法律の下、法律で許された業務のみ行うが、このようないわば無法状態になった場合、警備会社の能力では不十分である場合が多い。

　警備会社とはつまり、平時において法律が機能している時であれば、法律で許された範囲の警備業務をクライアントに提供することが出来るが、有事や非常事態、法律が適切に執行されていない中では通常のような活動をすることが難しくなる。

　このため戦後のイラクでは、米国をはじめ多くの外国政府が、イラク国内で活動する際に、公館の警備や外交官の警護のために「民間軍事会社」を雇ったのだった。イラク政府が機能せず、米国が占領統治を開始するという無法状態の中で、外国政府の施設や外交官たちの身の安全を守るために、主に欧米諸国の元軍人たちから構成される民間軍事会社に声が掛かったのである。

前述したように民間軍事会社を規制する法律は存在しないため、彼らの任務や役割を規定するのは、彼らを雇う政府機関との契約書だけである。また、戦後の混乱期であったため、民間軍事会社は、クライアントと自身を守るために必要だと思われる武器を自分たちで調達して警備業務を提供しなければならなかった。

当然、平時における民間警備会社が警備業務のために使うことが許される武器は、その国の法律で厳しく規定されているが、有事の無法状態であれば、警備のために使う武器のレベルを決めるのは「敵＝脅威」の能力だけである。クライアントを襲う可能性のあるテロリストが自動小銃を持っていれば、警備する民間軍事会社の側も自動小銃で武装する必要が出てくる。また反政府武装勢力が爆弾による攻撃を仕掛けてくるのであれば、そうした爆弾からクライアントを守ることが出来る特殊な防弾車両を導入する必要がある。脅威の主体が反政府ゲリラや民兵というような軍事的な能力を備えた勢力であれば、警備する民間軍事会社も軍事的な能力を備えた元軍人たちでなければ務まらないだろう。

法と秩序が失われた状況下で警備や警護業務を提供すること、すなわち有事における警備や警護が、民間軍事会社の業務の一つである理由がお分かりいただけただろうか。

ちなみに、平時においては通常の民間警備業務を行い、法と秩序が失われた紛争地や紛争後の国々においては「特殊警備＝民間軍事業務」を、同じ会社が提供しているケースもある。彼らは自社のことを「民間警備会社」だと位置づけている場合が多く、こうしたことが「民間軍事会社」の定義を分かりにくくしている理由の一つでもある。

軍をサポートする様々な非戦闘任務を請け負う民間軍事会社

紛争地や紛争後の国々で軍隊が活動を展開する際には、軍隊本来の任務以外にも多くの業務が必要になる。兵士たちがその国で一定期間生活をすることになるが、派遣先の基本的な生活インフラが破壊されていたり、砂漠やジャングルや山岳地帯のように、そもそも生活するためのインフラが全く整っていないエリアであるケースも多い。

軍隊はそうしたところに生活基盤をつくり、集団生活を続けながら、軍事作戦を展開しなければならない。敵の拠点に弾道ミサイルを撃ち込んだり、戦闘機で飛んで行って爆弾を落とすだけの作戦であれば別だ。また、短期間の任務であれば簡易テントとインスタントの戦闘食で済ませることが出来るが、地上部隊を一定期間派遣して継続的に作戦を遂行する場合には、当然、生活基盤であり作戦拠点でもある基地の建設が不可欠である。

基地を建設するということは、そこで生活する兵士たちに安全な水や食事を提供し、シャワーやトイレを提供し、彼らの服を洗濯し、武器や弾薬を補給しなくてはならない。高速のインターネットもなければ現代の若い兵士たちは耐えられないのでネット環境も整備し、心身をリフレッシュするためにもフィットネス・ジム等もつくらなければならない。また筆者がイラクやアフガニスタンで訪れた米軍基地には、たいていバーガーキングのようなファーストフード店もあった。兵士たちが派遣されている期間は彼らの余暇を支える環境やサービスを絶え間なく提供し続けなければならない。

通常、軍隊はこうした任務を全て自分たちの組織内で完結出来るようにあらゆる機能を備えている。筆者が南スーダンで自衛隊の活動を取材した際、自衛隊はナイル川から水を汲《く》んできて、日本から持ってきた浄水車で浄水して飲料水を自分たちでつくって生活していた。災害派遣でも炊き出しをしている様子をよく見るが、自衛隊は炊事システムが搭載された特殊な車両や野外入浴システム等も保有しており、自分たちだけで最低限の生活基盤を提供出来る能力を保有している。

しかし、後述するように先進国の軍隊は冷戦終結以降、軍隊の中核業務にあたる「戦闘」以外の任務を外部委託する傾向を強めており、米軍等は基地の建設や運営業務は民間企業に外注している。こうした基地の建設から管理運営全般、武器・弾薬を含めた物資の補給、兵器のメンテナンス等のいわゆる兵站《へいたん》支援、後方支援業務も、民間軍事会社の提供するサービスの一つなのだ。

このような軍の後方支援業務や様々なサポート業務は軍のことを知り尽した元軍人たちで構成される民間軍事会社に委託する方が安心である。軍の兵士たちを本来の任務である戦闘作戦に集中させることが可能になるからだ。

さらに現地の言葉を話すことが出来ない兵士たちをサポートする通訳や尋問官といった特殊な技能を持つ人材も、軍内部のリソースだけでは足りず、民間軍事会社がそうした能力を有する人材を民間企業から調達して軍に派遣するサービスもある。

イラク戦争後の二〇〇三年十月から十二月、当時米軍が運営していたアブグレイブ刑務所で、イラク人の収容者に対する虐待が行われていたと内部告発があり、大スキャンダルに発展したことがあった。この時、収容されていたイラク人市民に虐待を加えたとして民間軍事会社のCACI社やL－3コミュニケーションズ・タイタン社が非難された。CACI社は尋問官を、L－3コミュニケーションズ・タイタン社は通訳をそれぞれ米軍に派遣していた。

また衛星や通信傍受等の技術インテリジェンスの分野でも、専門的な知識や技能を持つ人材が多いことから、特定の業務を民間企業に委託することがある。

二〇一三年六月に、米国家安全保障局（NSA）と中央情報局（CIA）元局員だったエドワード・スノーデンが、NSAによる国際的監視網（PRISM）の実在を告発した「スノーデン事件」が大きな話題になった。スノーデンは「元NSAやCIAのスパイ」等と呼ばれることが多いが、事件当時はNSAの委託を受けて情報収集活動に関わる米民間軍事会社ブーズ・アレン・ハミルトン社のシステム分析官だった。

このように軍の任務をサポートする様々な非戦闘任務が民間企業に外注されており、民間軍事会社がビジネスとして請け負っているのである。

冷戦終結と安全保障の民営化

そもそも、民間軍事会社はいつ頃から存在していたのだろうか。そしてどのような経緯で今日のような軍隊と民間企業の関係が生まれるようになったのだろうか。ここではその成り立ちを見ていきたい。

民間軍事会社の起源をたどっていくと、戦争の歴史と同じくらい古くまで遡ることが可能かもしれない。軍隊が動くところには、常に軍に付いて商売をする民間業者が存在した。

軍隊が生活するのに必要な物資を調達する民間業者は昔から存在し、何も最近生まれた現象ではない。

米国でもそれこそ独立戦争(一七七五〜八三年)の頃から輸送、医療、食事、洗濯等の兵站支援業務を民間企業が請け負ってきた歴史があるが、民間の請負会社の業務が拡大するきっかけになったのは、一九六〇年代から一九七五年のベトナム戦争だったと言われている。

前述の『民間軍事警備会社の戦略的意義』によれば、一九七〇年代に入って米軍は、徴兵制を志願制に変更し「総兵力政策」を導入した。この政策は、現役兵に加え、予備役、退役軍人、国防総省の文官や民間企業も米軍兵力の一部と見なすというものであり、平時においては小規模な現役兵力を保持し、現役兵を戦闘任務に専念させるため、非戦闘任務には国防総省の文官や民間企業を活用する、というものだった。

この方針の下、民間企業は、伝統的な輸送、医療、食事、洗濯や整備業務に加え、米軍基地の建設業務にまで携わるようになった。この頃から、「非軍事分野なら民間でも出来る」という認識が定着し、どこまでなら民間に委託出来るかどうか米軍は実験を重ねていったとも言える。

一九八〇年代のレーガン政権の時代には、連邦政府の業務を民間企業に委託した方が効率的であるという民営化推進の風潮の中で、北東貨物鉄道（コンレール）という国営企業が民営化された。また、米海軍には武器・弾薬や食糧・燃料を全世界の米軍基地に運び届けることを専門にする貨物輸送タンカー部門があったのだが、この部門も民営化された。

1993年１月から2001年１月まで大統領を務めたビル・クリントンは安全保障よりも経済政策を重視した

　この後、民営化の流れが一気に加速したのが冷戦終結後のクリントン政権の時代だった。クリントン政権期は、軍事・安全保障のコミュニティの間では「冬の時代」と評されることもあるが、その最大の理由は、選挙運動で「問題は経済なんだよ、お馬鹿さん」と言って当選したクリントン氏の安全保障に対する関心が極端に低かったことと無関係ではないだろう。同政権では、ホワイトハウスと国防総省やＣＩＡとの関係が著しく希薄だったと言われている。

　ＣＩＡ長官だったジェームズ・ウルジー氏は、クリントン大統領に直接会う機会を与えられず、「大統領は一度も私と会ってくれない」とぼやいていたというのは有名な話だ。

当時、ホワイトハウスに小型セスナ機が突っ込むという事故があったのだが、ワシントンでは、「ウルジーが大統領に会いに行ったのではないか」というジョークが生まれたほど、CIA長官は大統領に直接のアクセス権がなく、クリントン大統領はインテリジェンスに興味がなかった。

もちろん当時の風潮も大きく影響していたものと思われる。長期に及んだ冷戦が終わり、ソ連という強大な敵がもはや脅威ではないと感じられた時代である。「敵がいなくなったのになぜこんなに大規模な軍事費を投じて軍人を養わなくてはいけないのか」という意見が出ても不思議ではなかった。

さらに「平和の配当」という言葉がもてはやされ、「これからは旧共産圏の国々を資本主義経済に取り込んでいくのだ」という流れの中、西側の大企業がビジネス機会を狙って一斉に旧ソ連や東欧諸国に進出を始めていた時期でもあった。旧ソ連に関する西側の関心と言えば、核ミサイルの数や性能ではなく、石油やガス等の地下資源になっていた。

こうした経済優先の風潮の中、国防やインテリジェンス関係の予算は大幅に削減された。そしてクリントン政権では、アルバート・ゴア副大統領が、「作業を効率化してコスト削減」というキャッチフレーズを掲げて大胆な民営化を推進した。

一九九三年からそのゴア副大統領が旗振り役となり、「全国能力見直し」というプロジェクトが掲げられた。要するに「政府のサービスは効率が悪い。民営化した方がいい部門はどこか」に関する一斉調査が開始されたのである。

このようにクリントン政権は大掛かりな民営化を推進し、記録によれば同政権の任期が終わる二〇〇一年初めまでに、連邦政府の三十八万六千の職が削減された。クリントン政権は歴代政権の中でもっとも多くの民営化を達成しただけでなく、日本的に言えば「聖域なき改革」を進め、戦略的にも安全保障面でも重要な機関や政府部門の民営化も断行した。一つ例をあげると、ウラン濃縮を行っていた米ウラン濃縮公社(US Enrichment Corporation)もこの時期に民営化された。

当然、同政権は軍や情報機関に関する見直しも大胆に進めた。とりわけクリントン政権の二期目に一気に進んだのが、軍や情報機関の大幅な予算や人員の見直しだ。CIA等は支局の人員が平均して三十%、多いところでは六十%も削減された。予算削減の圧力にさらされた当時のウルジー長官は、衛星や通信傍受のような技術インテリジェンスを優先させる方針をとり、人的インテリジェンス、すなわちスパイを使って情報を収集する部門の人員を大幅に減らした。

こうした背景をみてみると、その後に米同時多発テロがなぜ発生したのかが理解出来るのではないだろうか？

テロ対策のためには、相手の意図を摑《つか》む人的インテリジェンスが極めて重要だとされているが、一九九〇年代の終わりから、米情報機関はスパイ部門を大幅に縮小していたのである。後述するように、二〇〇一年九月十一日に米同時多発テロが発生すると、この流れが一気に逆転することになる。

クリントン政権下では、軍の方でも大規模なダウンサイジングが進められたのだが、興味深いのは、国を挙げて「軍の仕事」に関する議論が展開されたことである。その頃、経営の分野でも「選択と集中」や外注（アウトソーシング）の有用性に関する議論が活発にされていたが、軍にとっての中核業務（コア・ビジネス）とは何かを専門家たちが競うように議論していたのである。

そうした中で軍にとっての中核業務、すなわち民間では出来ず、軍だけが出来る仕事は、敵を倒すための「戦闘行為」だという認識が広がっていった。逆に言えば、それ以外の任務は民間に任せて、軍は「戦闘任務」に集中させた方が効率的だといった議論が展開され、軍事の外注化がさらに加速していったのであった。

こうした流れの中、兵站支援業務は完全に民間に任せようということになった。一九九〇年代に米軍はソマリア、ハイチ、バルカン半島、東ティモール等に介入したが、これらの作戦の兵站支援業務はすべて民間企業が実施した。二〇〇三年のイラク戦争においては米軍の兵站支援を一括して請け負ったKBR社が話題となったが、同社はすでにバルカン紛争時の米軍の軍事介入の際にも兵站支援業務を提供していた。また、紛争後の現地治安機関の軍事訓練や警察訓練等も民間軍事会社が請け負っていたので、イラク戦争の「下地」はすでにこの頃に出来上がっていたと言える。

政府の代理人としての役割

このような軍事の民営化、非戦闘部門の外注化といった流れとは全く異なる文脈で、政治的な理由から民間軍事会社が活用された例もある。

その代表格は、米政府の代理人として中東で長年軍事訓練業務に従事した老舗の民間軍事会社ヴィネル社であろう。同社の創業は一九三一年、もともとはロサンゼルス周辺を拠点とした建設会社で、初期の成長はロサンゼルスの無料高速道路フリーウェイの建設やグランド・クーリー・ダム、それにドジャースタジアムの建設によるものだとされている。

その後の同社の歴史については不明なところも多いが、第二次世界大戦末期にはすでに軍事ビジネスに乗り出しており、米政府の依頼を受けて共産党に追われた蔣介石軍に支援物資や燃料を供給していたことが記録されている。

また同社は、沖縄、台湾、タイ、南ベトナムやパキスタンの空軍基地建設にもかかわり、この頃から米軍と密接になっていたと思われる。ヴィネル社のこのアジアにおける冒険的事業は、同社を真にグローバルな企業として押し上げるきっかけとなり、それにつれてより深いインテリジェンスの世界に入っていったようである。

かつてCIAで工作員を務めていたウィルバー・クレーン・イブランドは、自身の回想録の中で、ヴィネル社の創業者であるアルバート・ヴィネルが「CIAのためであればどんな支援も惜しまない」姿勢を示し、実際にこの工作員イブランドは、一九六〇年代に、ヴィネル社の社員を装ってアフリカや中東で秘密の工作活動に従事していたことを明らかにしている。

またベトナム戦争は、ヴィネル社が軍事およびインテリジェンスの世界にさらに深くかかわる機会を提供した。米軍から数百万ドルの契約を受注し、米軍基地の建設、輸送機の補修から軍用倉庫の管理・運営まで様々な後方支援業務を請け負い、ピーク時には総勢五千人の従業員をベトナムで抱えていたという。

そんなヴィネル社の存在について、当時の米国防総省高官は一九七五年三月号の『ヴィレッジ・ヴォイス』誌のインタビューで、「ベトナムにおける我々の小さな傭兵部隊」と呼び、「自分たちでするにはマンパワーが不足していたり、法的に問題があるときに、我々は彼らを使う」と述べていた。冷戦時代の民間軍事会社は、政府が表だって出来ない一種の〝汚れ仕事〟を密かに請け負う〝秘密工作の請負人〟としての側面も持っていたことが分かる。

しかし採算を度外視してベトナム事業に突っ込んでいったヴィネル社は、経営面では火の車だった。一九七〇年から七四年にかけて毎年赤字を出し続け、七五年一月には倒産寸前まで追い込まれたという。しかしそんな愛国企業ヴィネル社を救うためなのか、それともベトナム戦争への貢献に対する見返りだったのか、同年二月に同社は前代未聞の大型契約を受注して息を吹き返すことになる。

同社は米国防総省の委託を受けてサウジアラビア政府との間で、サウジ国家警備隊（SANG）を訓練するという契約を結んだのである。SANGはサウド王家を守り、サウジアラビアの油田を警備することを主たる任務としていた治安部隊である。当時七千七百万ドルと言われたこの契約の下、ヴィネル社はベトナム戦争から帰ったばかりの約千人の元米軍特殊部隊員をサウジアラビアに送り、二万六千人のSANG隊員を鍛え上げ、さらに人員を増強して計七万人規模の治安部隊に育てあげる訓練にあてた。

このような重要な任務を、一民間企業が請け負うのは普通だったら理解しかねるが、米国が正規の軍隊をサウジアラビアに派遣することには、政治的な問題があった。当時サウジアラビアと政治的に敵対するイスラエルを支持する米国内のユダヤ系有力者たちが、そのような政策に反対していたのである。またサウド王家の側にも、異教徒の軍隊に守ってもらうのは、イスラムの教えに反するという宗教的な制約があった。

そこで米政府に代わって民間軍事会社がその役割を請け負うという第三の道がとられたのである。これは「米国がサウジの安価な石油を獲得する代わりに、サウド王家を軍事的に支える」という両国間のギブ・アンド・テイクを具体的に裏付ける戦略的な取引の一つであった。当時の国際情勢やその後の米・サウジ関係を考えると、このヴィネル社の契約は、米国の中東戦略を支える意味でも非常に重要なものだったと考えられる。

さらに興味深いのは、この契約が結ばれた十カ月後に、のちに四十一代合衆国大統領に就任するジョージ・H・W・ブッシュがCIAの長官に就任し、「サウジアラビア情報機

ジョージ・H. W. ブッシュ元大統領はCIA長官時代にサウジアラビアとの関係を深めた

関の近代化」に尽力したと言われていることである。当時ブッシュ長官が具体的に何をやったのかについて不明な点は多いが、ブッシュ氏はこの時の働きの結果、「サウジアラビアの副大統領」と呼ばれるほど、サウジ側から感謝される存在になっている。

一九七五年のヴィネル・サウジ契約、七六年のブッシュCIA長官就任と続く七〇年代後半は、米国とサウジアラビアがあらゆる面で協力関係、同盟関係を強めていった時期と重なっている。

ちょうどこの七〇年代には、溢れんばかりのオイルダラーを手にしたサウジアラビアが、米国の銀行に莫大な投資をし、ヒューストンに超高層ビルを建設し、米国製の兵器を購入するなど、文字通りあらゆる分野への投資を開始した頃だった。空中早期警戒管制機（AWACS）からエイブラムズM1戦車まで、米国製の兵器やそれに関連した設備の建設、技術支援等に莫大な資金が流れ、サウジアラビアは米国製の兵器システムの世界最大の消費国になっていった。

こうして七〇年代後半頃から、米国がサウジアラビアの石油を買い、サウド王家の保護と安全を提供する代わりに、サウジアラビアは米国に兵器、建設事業、通信システム、掘削装置を発注するという利権の構図が確立され、米国とサウジアラビアの同盟関係はあらゆるレベルで完成に近づいていった。そして、この同盟関係を根っこで支える中核的な取引が、ヴィネル社とサウジ政府のSANG訓練契約だったのである。こうして両国関係は表も裏も含めて著しく強化されたのだった。

似たような事例は九〇年代前半のバルカン半島で起きた戦争でも見られた。一九九一年六月に当時のユーゴスラビア連邦からクロアチアが独立を宣言し、九二年には国際社会からの承認を少しずつ得て、当時のツジマン大統領がクロアチア国軍の建設に着手した。しかし民兵の寄せ集めで構成される軍隊はとても独立を維持出来るような能力を持っておらず、クロアチア政府は米国からの軍事訓練を求めた。

当時の米国政府はクロアチアの独立を支援し、その軍事能力を向上させることで、セルビアとの勢力均衡を作りたいと考えていた。しかし一九九一年の国連経済制裁決議により、ユーゴ紛争のいかなる当事者に対しても武器や軍事訓練、アドバイス等を与えることが禁じられていたため、政府としてクロアチアへの公然たる軍事支援を行うことが出来なかったのである。

そこで米国防総省は、MPRI社という米国の民間軍事会社に白羽の矢を立てた。MPRIは、一九八七年に設立された会社で、元陸軍参謀総長で湾岸戦争やパナマ侵攻作戦を指揮したカール・E・ヴォノ将軍、元在欧米陸軍司令官クロスビー・E・セイント将軍、元陸軍副参謀総長ロン・グリフィス将軍をはじめとする錚々《そうそう》たる退役将軍たちを幹部に抱えた元米陸軍エリートの集まりであった。

同社のウェブサイトによれば、MPRIの使命は、「最高のクオリティの教育、訓練、組織的な専門知識と世界中の指導者養成」であり、軍事訓練や戦術・ドクトリンの開発、シミュレーションやウォーゲームの開発や実施、装備の実地訓練、民主化移行支援、平和維持活動や人道復興支援、反テロリズム支援等の軍事サービスを提供することであった。

クロアチアからの要請を受けた米国防総省は、MPRIとクロアチア国防省の契約を承認し、MPRIを通じて元米陸軍の退役将校たちからなるチームをクロアチアに派遣。クロアチア軍の再編成に対する助言や、クロアチア軍将校たちに軍事教育や訓練を行い、同軍を旧東側のソ連型軍隊から、米国をモデルとした近代的な北大西洋条約機構（NATO）型軍隊へ再編する支援を提供したのである。

このヴィネル社やMPRI社の事例から、民間軍事会社には「政府が公然とできないことを肩代わりする」という、政府の代理人としての役割があることが分かる。政治的に敏感な軍事支援や訓練等、政府が自国の軍隊を使えない時の代替手段として民間軍事会社が使われるという政治的側面が存在したのである。

脅威の質の変化と軍の役割の多様化

このように民間軍事会社は、「法と秩序が失われたいわば無秩序な状態やエリアにおける警備や警護業務の提供者」、「戦場において軍隊を支える非戦闘部門の請負業者」、「軍隊の中核業務以外の様々な業務の外注先」、さらには「政府が公然とできない任務を代行する政府の代理人」としての役割を担ってきた。

ここでは少し視点を変えて、国際安全保障環境の変化に伴い脅威の質が変わったことを受けて、軍隊の役割自体が多様化し、軍隊だけでは多岐にわたる任務を遂行することが困難になってきたという点にも触れてみたい。

安全保障の世界で〝脅威の質の変化〟が強く認識されるようになったのは、冷戦終結後だ。冷戦時代は、米国を中心とする西側諸国にとっての安全保障上の脅威と言えばソ連であった。ソ連という巨大な国家そのものやソ連との戦争が安全保障上の最大の関心事であり、その最たるものは核戦争だった。すなわち大国間の戦争が世界の安全保障における主な脅威と認識されていた。

しかし冷戦が終結してソ連が崩壊すると、それまでソ連が世界の国々に対して行ってきた支援や軍事介入も終わりを告げることになり、力の空白が生まれたことから、各地で民族紛争や国境紛争等の小規模な紛争が多発するようになった。

九〇年代の欧州ではユーゴスラビア連邦が崩壊して、連邦加盟国の独立に伴っていくつもの紛争が勃発した。またアフリカでもエチオピア、ソマリア、ルワンダ、アルジェリア、アンゴラ、シエラレオネ等で紛争が激化した。これらの紛争はすべて冷戦終結が原因というわけではなかったが、冷戦終結と同時に世界各地でこうした小規模な紛争が多発したことで、米国とソ連のような大国同士の大戦争ではなく、小規模で局地的な民族紛争や国境紛争にどのように対応するかが重要な安全保障上の課題として認識されるようになった。

またソ連崩壊に伴い、旧ソ連圏から大量の武器が世界中の紛争地に拡散したり、国際犯罪組織の活動もグローバル化する様相を呈しはじめた。さらに国際テロ組織の活動も注目されるようになり、大量破壊兵器を含めた武器の拡散、国際犯罪やテロ活動が、深刻な安全保障上の脅威だと考えられるようになった。

脅威が変化すれば、当然その脅威に対抗する側の役割・任務も変化を余儀なくされる。軍隊の役割や仕事も、冷戦時代にはソ連という国家と戦争にならないように大規模戦争を抑止し、万が一戦争になった場合に敵の攻撃から防御し反撃するためにはどうするかを考えておけばよかったのが、冷戦後はそれ以外の様々な脅威に対応することが必要になっていった。

国家間の大規模戦争という脅威ではなく、より小規模な国家同士の戦争や国内の武装反乱勢力との内戦、民族紛争や国際テロ組織によるテロへの対処が、新たな脅威となったことから、そうした脅威に対応すべく軍隊の役割も変わっていったのである。

紛争後に荒廃した国があるとして、国際社会がその状況に対して何もせずに放っておくと、再び紛争が起きたり、虐殺や人権侵害が発生したり、混乱の中で犯罪組織やテロ組織が肥大化したり、そうした国から武器や麻薬等が他の国々に輸出され、安全保障上の脅威が各地に拡大してしまう可能性がある。

そうした国や地域では国際連合（UN）が平和維持活動やいわゆる平和構築活動を行う。停戦の監視、武装組織の武装解除の支援、地雷や不発弾の処理、現地の新しい治安機関への訓練の提供、司法・裁判制度の再編成等、復興安定化や紛争の再発を予防する活動を世界中で展開するようになっていった。

世界各地で小規模な紛争が多発したことから、平和維持活動、平和構築活動のニーズも拡大していったわけだが、米国を中心に西側諸国の軍隊は軒並み冷戦終結後に予算を削減し、軍隊の規模を縮小したため、正規軍だけではこうした新たな安全保障上のニーズに対応することは困難になった。

そこで、軍隊の規模縮小に伴い民間市場に流れていた元軍人たちが、民間企業や非政府組織（NGO）等に取り込まれる形でこうしたニーズに応えるようになった。

こうして紛争後の国々では、国際機関やNGOが幅広い活動を展開するようになり、元軍人のスキルが必要な治安部隊の訓練や地雷処理、それに国際機関で働く人たちの警護や施設の警備等のニーズが高まっていった。当然、民間軍事会社はこの新たな市場に参入するようになっていく。

脅威が変化したことで「軍事」の役割が増大したにもかかわらず、軍隊の規模が縮小しその役割も「戦闘」関連任務に限定されるという傾向の中で、新しく生まれた安全保障上のニーズに応える形で民間軍事会社の役割が増大していったのである。

英系資源メジャーとSAS元隊員たちが育てた民間軍事業界

ここまでは、民間軍事会社の業務の中でも、主に政府向けのサービスを概観することで、「民間軍事会社とは何か」について触れてきた。本章の最後では民間向けのサービスについても触れておきたい。

民間軍事会社が提供する民間企業向けのサービスとしてもっとも代表的なものが、警備や警護である。これは政府向けの業務の中でも「法と秩序が失われた『有事』における警備・警護業務」のパートで説明したのと本質的には同じである。

先進国や一般的な治安状況下においては、民間警備会社が民間企業のオフィスや工場や発電所等の警備を請け負っているが、内戦状態下にあり、犯罪やテロをはじめとした脅威が大きく、治安の悪い環境下でビジネスをする場合には、民間軍事会社のサービスが必要になってくる。

内戦に近い状態にあったり、反政府武装勢力によるテロや武装襲撃、誘拐や強盗等のリスクが日常的に高い国を想像してみよう。当然そうした国の政府の力は弱く、軍隊や警察の力で強盗やテロ等を十分に取り締まることは難しい。そうした国で、軍や警察よりもはるかに能力の劣る民間警備会社に警備や警護を任せることはできないだろう。

このような法と秩序が失われた状況下でビジネスをする企業が、民間軍事会社の警備・警護サービスを使うことになる。

しかし、通常であれば「法と秩序が失われた状況下」でビジネスはしないのではないか、と日本的には考えがちだが、そうした治安の悪い場所であっても成り立ってしまうビジネスがある。その一つが石油やガス、鉱物資源等の資源開発である。

これは植民地時代以来の長い歴史的な背景があるのだが、欧州系の資源メジャーがアフリカや中東、南米等で資源開発を行う際に、現地の住民や反政府勢力の標的となり、様々な妨害・破壊工作を受け、窃盗、強盗や誘拐、さらにテロや武装襲撃といったリスクにさらされてきた。このため資源メジャーが、いわば「私兵（プライベート・アーミー）」のような形で民間軍事会社を雇ったという歴史的な経緯がある。

特に英国系石油メジャーが、元英国軍人たちが設立した民間軍事会社を各地で使うようになったため、英系の民間軍事会社が業界全体をリードし、民間における警備・警護の技術やサービスの発展、さらにビジネス・モデルの開発に主導的な役割を果たした。

その代表的な存在が、一九八一年に元英国陸軍特殊空挺部隊（SAS）のアラスター・

モリソンが設立したディフェンス・システムズ・リミテッド（DSL）である。モリソンは特殊部隊の世界では伝説的な人物だ。一九七七年に発生したパレスチナのテロ組織によるルフトハンザ航空のハイジャック事件の際に、ドイツ連邦国境警備隊第9テロ部隊（GSG9）が救出作戦を実施し、同機へ突入してハイジャック犯三人を射殺して人質全員を救出したことが知られている。が、この時に、経験の浅いGSG9の要請を受けて救出作戦の計画を含めてオペレーションの細部まで作戦支援をしたのが、SASのモリソンだった。実際、この救出作戦では、SAS隊員二人が新型の閃光弾を爆破させてから突入作戦が始まった。

モリソンはこのドラマティックな働きにより対テロ専門家としての不動の地位を手にし、その後世界三十二カ国の対テロ部隊の育成に手を貸した。その中には米陸軍のデルタフォースも含まれていた。

モリソンが退官後に仲間と設立したのがDSLである。同社はコンゴ民主共和国では、ベルギーのペトロフィナ社の子会社であるコンゴSEP社が所有する製油所を警備し、アンゴラでは石油会社やダイヤモンド会社を守る等、世界中の石油会社の施設や人員の警備・警護に従事する他、そうした国々の治安部隊の訓練も提供した。顧客にはブリティッシュ・ペトロリアム、ロイヤル・ダッチ・シェル、シェブロンやエクソンといった石油メジャーの他、ダイヤモンド王のデビアスや建設コングロマリットのベクテル社等があった。

また大企業に加え、こうした治安の悪い国々に進出する先進国の政府からも契約を受注した。コンゴ民主共和国にある米国、南アフリカ、スイスの大使館や、アンゴラにある英国、イタリア、南アフリカ、スウェーデン、米国の大使館の警備や外交官の警護を請け負っていたといわれている。

設立から十六年間で民間軍事業界での名声と財産を築き上げた後、モリソンを含めたDSLの経営陣は一九九七年に二千六百万ドルで会社をアーマー・ホールディング社に売却。DSLは「アーマー・グループ」に社名を変更した。モリソンはその後、別の民間軍事会社エリニス・インターナショナルの設立に携わった後に米クロール社のセキュリティ部門に加わった。

アーマー・グループ社はその後、世界最大の民間警備会社G4Sに買収され、その過程で旧DSLのメンバーたちは英オリーブ・グループに吸収される等、モリソンだけでなく旧DSLの「チルドレン」たちが業界内に拡散して民間軍事業界の発展に寄与した。

このように民間軍事業界で英国系のプレゼンスが圧倒的に大きい理由の一つは、もともと英国系の資源メジャーが世界各地の治安の悪い地域でビジネス活動を展開する際に、自前で安全を確保しなくてはならなかった点にある。資源開発を行う現地の治安機関の能力が低いため、資源メジャーは元SASの隊員で構成される英国の民間軍事会社を必要とし、彼らがある意味でこうした民間軍事会社のビジネスを育成していったとも言える。

また、この業界で元SASの隊員が多い理由についても触れておきたい。モリソンが、世界三十二カ国の対テロ部隊の育成を支援したことからも分かる通り、特殊部隊の世界の「標準」をつくったのはSASである。SASの元隊員たちに聞くと、彼らの強みはどこの特殊部隊よりも経験が長く豊富なことだという。もっと言えば、様々な作戦を通じた「失敗の経験」を持っていることだという。

あるSASの元上級曹長は、「我々の部隊は他のどの特殊部隊よりもたくさんの失敗をしてきた。そしてそうした悲惨な失敗の経験から得た教訓が蓄積されている」と筆者に説明したことがある。

SASは特定の任務のための部隊ではなく、いわゆるマルチタスク、多様な任務に対応出来る能力を持っている。対照的に米軍の特殊部隊は任務毎に部隊が細分化されている。米陸軍の中だけでもデルタフォースが主に対テロ作戦や人質救出作戦等を実行する部隊として存在するのに対し、グリーン・ベレーは戦闘の際に敵の背後に潜入して爆撃機や攻撃機の爆弾誘導や現地の親米部隊の訓練等の任務を担っている。前者を「ブラック・オペレーション」、後者を「グリーン・オペレーション」と呼ぶ場合もあるが、SASはブラックもグリーンも両方の作戦を遂行出来る能力を持っている。

しかもSASは規模が小さく、五百人にも満たないと言われている。少ない人数でマルチタスクをこなさなくてはいけないということは、当然ながら一人ひとりの隊員たちの能力が非常に高いことを意味する。市街地での人質救出作戦も出来れば、アフリカのジャングルだろうと山岳地帯であろうと、どのような環境下でも様々な特殊作戦が出来るような訓練を受けている。

またSASは、英国政府の要人たちの身辺警護を行うこともある。通常は米国のシークレットサービスに該当するような警察の専門部隊が要人警護を行うのだが、脅威のレベルが著しく高い国、軍事能力を持った敵対勢力による攻撃のリスクがあるような危険な国に要人が訪れる場合には、SASが要人警護を担当する。

こうしたSASがハイリスク国で行う要人警護の手法が、英国系民間軍事会社の身辺警護サービスのベースとなり、それが民間軍事業界全体の身辺警護サービスの標準になった。

同じようにＳＡＳが要人たちに対して危険地に入る前に実施した安全ブリーフィング、すなわち脅威についての説明や、緊急時の対応や注意事項を説明したブリーフィングが、民間人が危険地を渡航する前に受ける赴任前セキュリティ講習になり、緊急時の退避計画等の民間における危機管理サービスとして発展していったのである。

もう一つＳＡＳの元隊員が「開発」したユニークなサービスとして、身代金誘拐のコンサルティングが挙げられる。このサービスを提供するトップランナーが英国のコントロール・リスクス社である。同社は保険ブローカーであるホグ・ロビンソン社の子会社として一九七五年に設立された。

当時誘拐事件の続発を受けて、ロイズ保険が身代金支払いに対する保険という新事業を開始した。しかし身代金が確かに支払われたかどうかを確認する必要性や、身代金の支払いを最小限に抑えることが必要になり、その目的のために設立されたのがコントロール・リスクス社だった。身代金保険に入っているからといって、誘拐犯の言い値で身代金を簡単に支払われては保険会社としては困る。そこで身代金保険を購入している会社の社員が誘拐された場合、この保険の付帯サービスとしてコントロール・リスクス社のコンサルティングが付いてくるという仕組みである。

単に身代金の額を抑えたいというだけではなく、簡単に支払ってしまうと誘拐犯に対して「また誘拐しよう」というインセンティブを与えてしまい、再び同じ会社の社員が狙われてしまうことも想定されるため、身代金の厳しい値引き交渉を通じて誘拐犯に心理的なプレッシャーを与え、再発を防止することもこうしたコンサルタントの役割だとされている。

いずれにしても、コントロール・リスクス社のコンサルタントは、社員が誘拐された会社に派遣され、身代金交渉のための戦略を策定する助言や、最終的に支払う身代金の金額で犯人側と交渉して人質を救出するまでの助言を行う。ちなみに、こうしたコンサルタントは自身で交渉は行わずあくまでアドバイス（助言）をするだけなので、ネゴシエーター（交渉人）ではない。

ＳＡＳ出身で身代金誘拐交渉コンサルタントになったマーク・ブレスは、「ＳＡＳで受けた訓練や実際の工作で学んだ軍事上の原則は後年、誘拐ギャングがつくり出す一連の問題を処理する際に役立つ知識を与えてくれた（中略）、都市部や農村部における様々な犯罪者の前歴やパターンを研究してきたし、彼らの犯罪動機や能力について相当の知識を得た」と述べ、「こうした陸軍での作業が、誘拐ギャングのライフスタイルを理解するのに大変役立った」と記している。

身代金誘拐交渉コンサルティングは、軍で培った知識や技能を民間で活用させた極めてユニークな事例だと言えよう。

ちなみにコントロール・リスクス社はその後、様々な危機管理・事故対応のスペシャリストや政治・安全保障リスクのアナリストを加えて能力を拡大した後、一九八二年にマネジメント・バイアウトにより独立。現在では軍や情報機関、警察や政府機関出身者だけでなく、学者、弁護士、会計士、ジャーナリストといった非常に幅広いバックグランドのスタッフで構成され、政治リスクやコンプライアンス・リスク対策や各種調査業務等幅広い危機管理サービスを提供する一流のリスク・コンサルティング会社として成長しており、民間軍事会社とは一線を画している。

本章では、民間軍事会社の定義や役割について触れてきた。民間軍事会社は「法と秩序が失われたいわば無秩序な状態やエリアにおける警備や警護業務の提供者」、「戦場において軍隊を支える非戦闘部門の請負業者」、「軍隊の中核業務以外の様々な業務の外注先」である。さらには「政府が公然とできない任務を代行する政府の代理人」として、さらに、国際環境の変化に伴い脅威の質が変わり、安全保障上の新しいニーズが増大したことを受けて、軍隊を補う形でその役割が増大した背景についても述べた。

また民間においては、主に英国系資源メジャーが世界中の治安の悪い国でビジネスを展開する際の「私兵」的な存在として英国の民間軍事会社を育てていったこと、その過程で英陸軍特殊部隊ＳＡＳの元隊員たちが業界全体をリードし、ＳＡＳで培った知識やスキルを使い、民間における警備・警護の技術やサービスの発展、ビジネス・モデルの開発に主導的な役割を果たしていったことにも触れた。

さらに民間軍事業界の発展を主導してきた主に欧米先進国における軍隊や民間軍事会社の役割や位置づけを、歴史的な背景も含めて詳述してきた。

次章では、先進国とは事情が大きく異なる途上国、主にアフリカにおける民間軍事会社の活動についても触れていく。とりわけ、アフリカの内戦において、「戦闘行為」そのものをサービスとして提供することで南アフリカのエグゼクティブ・アウトカムズ社の物語を見ていきたい。

第二章　「戦闘」をビジネスに変えた会社

途上国への民間軍事会社の介入

……中央アジアのバルカ共和国では、国の軍事力が不十分なため、災害や紛争等の際に必要な軍事力を、テロ組織「テント」が運営する民間軍事会社に依存している。この民間軍事会社は、普段は政府に軍事力を提供することで収益を上げ、その軍事会社の兵士の中から選抜された優秀な人材が、テロ組織「テント」のテロを実行している……。

これは二〇二三年夏に放映された人気テレビドラマ「VIVANT（ヴィヴァン）」の架空のストーリーだが、現実にも戦闘行為そのものをサービスとして提供する会社は存在する。

本章では主にアフリカにおける民間軍事会社の活動に焦点を当てる。前章でも述べたが、法と秩序どころか、国家の統治が著しく脆弱なアフリカのような途上国では、国家の軍隊が反政府武装勢力を鎮圧出来ずに内戦が長期化するケースが多い。こうした状況では、外国の民間軍事会社の介入が、内戦の行方を左右するような大きなインパクトを与えることさえある。

まずは民間軍事会社の歴史にその名を初めて刻むことになった南アフリカの伝説的な会社、エグゼクティブ・アウトカムズ社（EO）の物語を見ていきたい。

エグゼクティブ・アウトカムズ社（EO）の誕生

民間軍事会社の業務の中でもっとも論争の種になるのが、直接的な戦闘のサービスである。

実際に敵対勢力との戦闘が行われる交戦地帯を「最前線」として、その交戦地帯に近い「前線」と、そこから物理的に遠く離れた「後方」という空間概念で民間軍事会社の業務を整理してみると、民間軍事会社の主な活動は「後方」でなされることが多い。

例えば軍事基地や政府系施設の警備、そこに運び込まれる物資の輸送警護、そこで働く政府の要人たちの警護、武器や装備品のメンテナンス業務や現地の治安部隊や兵士たちの訓練といった業務も、基本的には「後方」地域で実施される。

「前線」における敵との戦闘は正規軍の任務であり、軍の中核業務である攻勢作戦を民間企業に委託するということは、先進国の軍隊の場合は基本的に考えられない。

しかし、自国の正規軍が十分に機能していない途上国の弱小国家やいわゆる破綻国家の場合、敵との直接戦闘を含めて「前線」から「後方」まですべての戦域における業務を民間企業に委託してしまうことがある。こうした例はとりわけアフリカの内戦において見られ、実際に一九七五年から二〇〇二年にかけて起きたアンゴラ内戦や一九九一年から二〇〇二年にかけてのシエラレオネの内戦において、南アフリカのエグゼクティブ・アウトカムズ社（ＥＯ）が内戦に参入し、戦況に大きな影響を与えたことはよく知られている。

ＥＯは一九八九年に軍事専門技能を販売する民間のセキュリティ・グループとして、南アフリカで登記された。提供する具体的なサービスは、武装戦闘、戦闘戦略、特殊軍事訓練、飛行監視・偵察、装備強化、射撃訓練等の戦争に関する技術や医療支援、ロジスティックス支援等のハイリスク地域での各種の支援業務である。

ＥＯの創設者は南アフリカの旧アパルトヘイト体制下で南ア国防軍第32大隊の副司令官を務めたイーベン・バロウである。バロウはその後、軍の特殊部隊のための情報機関である市民協力局（ＣＣＢ）の英国、欧州、中東地域を管轄する「リージョン５」の司令官を務めた。このＣＣＢの地域司令官は通常の軍の階級では大佐と同等とされた。

ＣＣＢの地域司令官としてバロウは、該当地域における敵の組織にスパイを浸透させ、特殊作戦に必要な情報収集に当たるだけでなく、軍の特殊部隊が何らかの理由で遂行出来ない場合に、特殊工作活動を通じて脅威を排除する任務も付与されていたという。

地域司令官といっても、基本的にはバロウのワンマン作戦であり、もしバロウが敵に捕まったり当局に逮捕されても、南アフリカ政府は基本的に関与を否定し、軍もＣＣＢの存在すら否定する原則になっていたという。

このＣＣＢの諜報活動を行う目的で、バロウは南アフリカの貿易会社や防衛装備品を扱う会社の社員、すなわちビジネスマンを装って活動を行った。

しかしバロウがＣＣＢの地域司令官を務めている間に、かつてバロウが南アフリカ軍の特殊部隊向けに行っていた隠密工作活動に関する教育訓練再開の依頼があった。バロウは軍のために訓練を提供したかったが、軍の正規のメンバーとして特殊部隊の訓練にかかわってしまうと、万が一バロウが国外で捕まった場合、南アフリカ政府や軍がバロウの存在を「否定」することが出来なくなる恐れがあった。

そのためにバロウは民間の会社を設立し、元軍人のビジネスマンとして軍事訓練業務を提供している体裁をとった。つまり、Ｃ

南アフリカのエグゼクティブ・アウトカムズ社（EO）の創設者、イーベン・バロウ

CBの地域司令官として貿易や軍関連のビジネスに従事している自身のカバーストーリーと整合性が取れるように、軍事訓練を提供する会社を経営していることにしたのである。同時にここで得た収入をCCBの活動資金に充てることも可能になった。

この目的のためにバロウが一九八九年に南アフリカに設立した会社がエグゼクティブ・アウトカムズ社（EO）だった。

その後バロウはCCB内の不祥事に巻き込まれてCCBを退職し、EOの活動に集中することになった。EOで初めに獲得した民間の仕事は、ダイヤモンドの大手デビアス社向けのセキュリティ・コンサルティングの業務だった。デビアス社の経営陣は違法なダイヤモンドの取引により毎年数百万ドル相当の損失を抱えており、ダイヤという高価で運びやすい「商品」の盗難に頭を悩ませていた。

デビアス社からの依頼を受けたバロウは、ダイヤモンドの密輸取引を行うグループにスパイを潜入させ、そのネットワークの全体像を明らかにしたうえで警察と共に密輸グループを一網打尽にする計画を立案し、デビアス社のセキュリティ・チームや各国の警察と組んで計画を実施。EOは組織に潜入するデビアス社の社員に対する訓練を含め、長期に及ぶ密輸組織撲滅のための契約を請け負った。

これはバロウが南アフリカ軍で培った特殊偵察やＣＣＢで培った情報収集、秘密工作活動のスキルを、民間企業向けに適応させて行ったサービスだと言える。また、南アフリカ軍特殊部隊向けの訓練はその後も継続し、訓練に加え、特殊部隊が使用する装備品の調達業務も請け負うようになった。当時、国際的に制裁下に置かれていた南アの白人政府が国際的に軍事装備品を調達するのは容易ではなかったが、バロウはＣＣＢ時代に欧州や中東、アジアで構築したネットワークを通じて、特殊な軍の装備品を調達したという。

ＥＯに飛び込んできた次の大きな仕事は、その後の民間軍事会社の歴史に大きな記録を残すことになるアンゴラでの「戦闘」業務だった。といっても、最初から「戦闘」サービスを提供する予定だったというわけではなく、結果としてそうなってしまった、との表現が妥当かもしれない。詳しく見ていこう。

アンゴラでの最初の契約は「戦闘」ではなかった

アンゴラは、アフリカ第二の産油国でダイヤモンドの主要産地でもあり、この豊富な資源ゆえに植民地時代から大国の干渉を受け続け、一九七五年にポルトガルから独立を果たしたものの、三十年以上戦乱に明け暮れた国だった。内戦を長期化させていた原因の一つは、政府と反政府勢力の双方が地下資源を支配下におさめ、その豊富な資金源を背景に戦争を続けていたことである。アンゴラ解放人民運動（MPLA）主体の当時の政府は石油を、そして最大の反政府勢力であるアンゴラ全面独立民族同盟（UNITA）はダイヤモンドの産地を押さえていた。

しかも、冷戦時代にはソ連とキューバがMPLAに軍事支援をしたことから、米国等の西側陣営はUNITAを支援するという対立構図が存在した。とりわけ一九七〇年代後半は、ベトナムが共産主義陣営の手に落ちたこともあって、世界中で米ソ代理戦争が激化。当時の米国は、アンゴラの共産化を何としてでも防ごうと躍起になっていた。

ところが米国は、ベトナム戦争の影響で米兵をアフリカに送ることに国民も議会も消極的で、米議会上院は一九七五年十二月十九日に、米政府の対アンゴラ援助拡大案を否決し、アンゴラ内戦への関与を制限した。

そこで当時の米中央情報局（CIA）は、英国の民間軍事会社セキュリティ・アドバイザリー・サービス社（SAS）を雇い、英国の元軍人たちを「軍事顧問」としてアンゴラに送り、UNITAやUNITAと連合を組むアンゴラ解放民族戦線（NFLA）に武器や軍事訓練を提供した。アンゴラはすでに冷戦時代から、内戦に民間軍事会社が介入する経験をしていたことになる。

一九八九年に冷戦が終結するとソ連やキューバの支援は消滅し、米国も秘密工作から手を引いたが、一部の西側企業が間接的にUNITAからダイヤモンドを購入し、複雑な裏取引の中で南アフリカ軍の一部がUNITAに武器を供給するネットワークが残っていた。

そうした中、一九九三年にUNITAが、MPLA政権が支配下におさめていた重要な石油施設のある海岸の町ソヨを奪取し、国内の勢力範囲を拡大させた。この反政府勢力の攻勢を受けて困ったのはアンゴラ政府だけではなく、同政府と組んでこの地域で石油開発を進めていた外国の石油会社だった。

当時アンゴラ政府の貴重な財源となっていたソヨの石油施設は、国営石油会社ソノガルと英国の石油王トニー・バッキンガム氏が創設したヘリテージ石油が所有していた。

この構図の下、EOはアンゴラ政府とヘリテージ石油のためにUNITAとの「戦闘」に参加し、ソヨを奪還するだけでなく、その後もアンゴラ国軍と共に戦い、最終的にはこの反政府勢力UNITAを弱体化させ、内戦終結にこぎ着けることになる。

しかし二〇一八年に刊行されたバロウの回顧録によれば、EOは最初から「戦闘」業務を請け負っていたわけではなかったという。バッキンガムが当初バロウに依頼したのは、

ＵＮＩＴＡに占領されたソヨという港町に置かれたままになっていたヘリテージ石油の重要な機器を回収する石油会社社員たちの警護だったという。

当初は、アンゴラ国軍がソヨをＵＮＩＴＡから奪還する作戦を実施し、ＥＯは奪還後にソヨから機器を運び出す石油会社社員たちの警護を提供する、という契約だった。ところが、アンゴラ国軍と調整を進める過程で、彼らが現地の十分なインテリジェンスを持っておらず、作戦計画も杜撰《ずさん》だったため、ＥＯが作戦立案のアドバイスを提供し、国軍に訓練を提供し、結局は国軍を支援して作戦を実施することになった。

しかも、当時南アフリカ軍が密かにＵＮＩＴＡへの支援をしていたことから、ＥＯの関与に反対し、ＥＯの作戦を妨害する目的で作戦の前から情報をメディアにリークし、ＵＮＩＴＡ側にもＥＯに関する情報を提供していた。このため、アンゴラ国軍とＥＯはＵＮＩＴＡの待ち伏せ攻撃に遭ってしまう。さらにアンゴラ国軍が経験不足と訓練不足で実際の戦闘現場でまったく役に立たなかったため、結果としてＥＯの戦闘員たちが戦闘を指揮し、ＥＯのメンバー三人の死亡を含む多大な犠牲を払いながら、やっとのことでソヨを制圧したのだった。

元々、ＵＮＩＴＡとの「戦闘」はアンゴラ国軍の任務だったのだが、国軍の能力が低かったことと、ＵＮＩＴＡがＥＯとアンゴラ国軍を待ち構えており攻撃を仕掛けてきたことから、激しい戦闘に発展してしまったのだった。

バロウはこの事件について、「ごく単純な警護任務のはずが、本格的な軍事作戦にエスカレートしてしまった。そんなことは予定していなかった」と回顧している。

しかしこの一件の後、アンゴラ政府はＥＯに巨大なプロジェクトを持ち掛ける。ソヨのＥＯの働きに感銘を受けたアンゴラ政府は、国軍全体を再建し、ＵＮＩＴＡに勝てる実力集団に鍛え上げて欲しい、という途方もない依頼をＥＯに提示したのである。

アンゴラの反政府ゲリラを停戦に追い込んだEO

「私たちは絶望的に助けを必要としている。国連に何度も要請したがすべて無視された。私たちはフランスにも軍の派遣を要請したが、フランスの国防相は強固なＵＮＩＴＡ支持者だった。私たちが支配しているのは国土のわずか十五％に過ぎず、残りはＵＮＩＴＡが領有権を主張している。戦争は私たちを引き裂いた。我が軍は今、あらゆる面で劣勢に立たされている。一刻も早くこの戦争を終わらせる必要がある」

鬼気迫るアンゴラ国軍幹部の依頼を受けたＥＯは、一九九三年七月二十三日に、アンゴラ国軍の再編成、再構築、再教育、アンゴラ国軍をプロフェッショナルな軍隊として再構築するためのアンゴラ国軍最高司令官に対する助言の提供、そして、旧UNITA武装戦闘員をアンゴラ国軍に統合するための準備という広範な内容の契約に調印した。

年間四百万ドルの契約の下、EOの任務は、総勢五百人の軍事アドバイザーたちをアンゴラに送り込み、アンゴラ国軍に新たにつくられる十六個旅団を訓練し、戦闘態勢を整えてUNITAに戦いを挑むことだった。アンゴラ政府を率いるMPLAとアンゴラ国軍は、UNITAが武力を保持している限り、アンゴラの安定に対する脅威であり続けると信じていたからだった。

一国の国軍全体の再構築を民間企業に委託することは、民間軍事会社の歴史の中でも前代未聞の出来事であり、当然EOにとっても初めての経験であった。

契約後すぐにリクルート活動を開始したEOは、一九九三年八月二十一日までに先遣隊をアンゴラに向けて出発させる準備を整えた。彼らの任務は、後続の隊員たちが迅速に任務を開始出来るようにしておくことだった。

それから数カ月かけてEOは、数百人のアドバイザーたちを雇い、アンゴラ全土の様々な場所に配置してアンゴラ国軍部隊の訓練を開始。同時にアンゴラ国内に独自の情報収集ネットワークを構築し、さらにＵＮＩＴＡ内部にもスパイを潜入させて情報を収集し、敵の動向を監視すると共に作戦計画を練った。

そして一九九四年一月末までにＥＯとアンゴラ国軍は、情報収集と作戦計画の合同会議を開始し、ＥＯは航空写真やビデオの偵察、データ解析や情報発信の指揮統制も担当することになった。

ＥＯが立案した計画は、まず小さなＵＮＩＴＡの前哨基地を攻撃し、圧勝して軍全体の士気を高めた後に、ＵＮＩＴＡの資金源である北部の大きなダイヤモンド産地を狙うというものだった。この作戦でＵＮＩＴＡからダイヤモンド鉱山を奪取すれば、彼らは戦力を長く維持することが難しくなり、アンゴラ国軍は戦場でＵＮＩＴＡを敗北させることが可能になる、という計算だった。

作戦は同年二月四日に第一段階が開始され、偵察部隊や緊急対応部隊等のＥＯのメンバーだけで構成される独立した部隊もあったが、基本的にはアンゴラ国軍の各部隊の指揮官や幹部としてＥＯのメンバーたちが配置につき、部隊の訓練から作戦計画の立案、指揮官として各部隊の攻勢作戦を主導した。民間軍事会社の元軍人たちが、外国の軍隊の一部となって戦場の最前線で戦闘に参加したことになる。

それから約八カ月、アンゴラ国軍とUNITAは激しい戦闘を繰り広げ、アンゴラ国軍側にも大きな犠牲が出て、EOも複数のメンバーを失った。しかしEOが提案した作戦が功を奏し、ダイヤモンド鉱山の町を戦略的に奪還してUNITAを追い詰めた結果、同年十一月二十日に、アンゴラ政府代表のヴェナンシオ・ダ・シルヴァ・モウラ外部関係相とエウジェニオ・マヌバコラ事務総長（UNITA首席交渉官）が、「ルサカ議定書」として知られるようになる和平協定に調印した。

アンゴラはようやく、粉々になった国土を再建し、国家を統合するための、よちよち歩きの第一歩を踏み出すことが出来るようになったのである。

シエラレオネでも短期間で内戦を「終結」させたEO

このアンゴラでの快挙が世界に伝わるや、EOには同じく内戦で破綻寸前のシエラレオネからもお呼びが掛かった。一九九五年三月、若き元将校バレンタイン・エセグラグボー・メルヴィン・ストラッサー大統領率いる軍事政権は、残虐で有名な反政府ゲリラ、フォダイ・サンコーがトップを務める革命統一戦線（RUF）を打倒する仕事をEOに依頼したのである。

シエラレオネでは一九九一年三月以来、隣国リベリアの独裁者チャールズ・テーラーの支援を受けたRUFが、シエラレオネの主要なダイヤモンド産地コノを占領し、同国の貴重な財源を奪い取り、国民の四分の一を難民キャンプ生活へ追いやり、同国を崩壊寸前に至らしめようとしていた。

一九九四年十一月にストラッサー大統領は国連事務総長に手紙を送り、自国政府とRUFの交渉を促進させるよう要請。同年十二月中旬に国連安全保障理事会はこれに応え、シエラレオネに「調査団」を派遣した。

その二カ月後、調査団の報告を受けて、国連の特使がシエラレオネに派遣されたが、RUFのテロ攻撃を止めるうえでは何の役にも立たず、交渉はすぐに決裂。同年末までにRUFのゲリラ部隊は、首都フリータウンに一歩一歩近づいていた。

そして一九九五年、RUFの攻勢が強まる中、ストラッサー政権は英国政府に助けを求めた。そこで英国政府は、ネパールのグルカ族で構成される民間軍事会社GSGをストラッサー政権に紹介。九五年二月にベトナム戦争退役軍人でエルサルバドルやボスニアでの戦闘経験もあったロバート・マッケンジー元米軍少佐とグルカ族（五十八人）、ヨーロッパ人マネージャー（三人）からなるGSGの部隊がシエラレオネに到着した。

ＧＳＧの初任務は、ストラッサー大統領の警護隊とシエラレオネ国軍に対反乱戦の技術を訓練し、同国軍の主要基地の一つであるチャーリー基地を守ることだった。しかし二月二十四日にマッケンジーを含むＧＳＧ社の偵察部隊とシエラレオネ国軍歩兵小隊は、ジャングルで意図せずにＲＵＦの部隊と遭遇し、銃撃戦でマッケンジー元少佐含む十九人が殺害され、残されたＧＳＧのメンバーもすぐにシエラレオネから退却してしまった。

そして一九九五年五月には、ＲＵＦがシエラレオネの首都フリータウンに向けて進撃を開始したと伝えられ、窮地に追い込まれる中、ストラッサー政権は最後の望みを託してＥＯと契約を結んだ。

ストラッサー政権との契約では、シエラレオネ国軍がフリータウンとその周辺からＲＵＦを追い出して首都周辺を安定させ、コノのダイヤモンド地帯の支配権を回復し、国全体を安定させることを、ＥＯが支援することになっていた。

ＥＯの先遣隊五十人がフリータウンに出発したのは一九九五年五月五日だと記録されている。この先遣隊は、シエラレオネ国軍の将校と共同計画を立て、緊急時には反撃部隊としても行動した。先遣隊は作戦と訓練の必要性に応じて徐々に拡大され、最大二百五十人になった。

シエラレオネ国軍（陸軍）の訓練は、ＥＯが契約を履行する上で主要な項目の一つであり、フリータウンの東三十キロにあるベンゲマ訓練センターで実施された。この計画では、一般部隊と小部隊が同時に非従来型の訓練を受けられるように設計され、武器の取り扱い、信号、医療、ジャングル戦闘、攻勢作戦や指導者の訓練も含まれていた。

そしてＥＯとシエラレオネ国軍は、一カ月後には首都からわずか三十六キロのところまで迫っていたＲＵＦに対して最初の攻撃を開始。ＥＯの支援を受けた国軍はわずか九日間でＲＵＦを首都から百二十六キロの地点まで押し戻した。

さらにＥＯと国軍は、政府にとって戦略的に重要なコノ鉱物資源地域をわずか二日間でＲＵＦから奪還し、政府の貴重な財源を取り戻した。それからも次々にＲＵＦから拠点を取り返し、わずか六カ月でＲＵＦを弱体化させ、一九九六年一月にはＲＵＦを政府との和平協定へと追い込んだ。そして二月には、シエラレオネで議会選挙が実施出来るまでに治安を回復させたのである。

一民間企業が数十年間続いたアフリカの内戦を終結へと導いたことで、このＥＯのシエラレオネでの活動は、世界中の軍事問題の関係者を驚かせた。ＥＯの実力と成功を証明するように、一九九七年一月にＥＯが様々な国外からの圧力によってシエラレオネを去ると、同国で再びゲリラが息を吹き返し、わずか九十五日目にはまた同国で軍事クーデターが発生し、選挙で選ばれたリーダーが追い落とされてしまった。

これ以上EOを雇うことは出来なかったため、今度はナイジェリア軍を中心とする西アフリカ軍事連合（ECOMOG）が介入するが、ゲリラ掃討に苦戦を重ね、ナイジェリア兵士千二百人以上が殺された挙句、EOの二十倍のコストをかけて一年がかりで首都を取り返した。しかもECOMOGは英国の大手民間軍事会社サンドライン社の後方支援を受けており、サンドラインが兵站支援や武器の調達を迅速に提供しなかったら、ECOMOGの勝利はなかったのではないか、とも言われた。

EO「成功」の秘密と戦闘業務におけるリスク

アンゴラでもシエラレオネでも、EOは三つの目的を明確に持って作戦を遂行したことで、短期間のうちに反政府武装勢力を弱体化させ、治安を回復させることに成功した。まず一つ目の目的は、反政府武装勢力やテロ組織への資金源を断つことである。資金がなければ、反政府武装勢力にしてもテロ組織にしても武器や弾薬、医薬品、輸送燃料、衣類や食糧等、戦争を継続するために不可欠な物資を購入出来ないし、戦闘員や仲間たちに報酬を支払うこともままならない。

アンゴラでもシエラレオネでも、ＥＯは、反政府武装勢力の資金源となっていたダイヤモンドの産地を奪還し、政府側のコントロール下に置くことで、彼らの資金源を断つことに成功した。

そして二つ目は、現地住民を保護し、住民たちの支持を獲得するという目的で、そのことによって彼らから反政府武装勢力に関する情報提供を受ける等、幅広い協力を得られたことである。アンゴラでもシエラレオネでも、反政府武装勢力のゲリラたちが住民たちを弾圧し、非道の限りを尽くしていたため、ＥＯと国軍が彼らを追い出したことで住民に感謝され、歓迎された。またＥＯも、住民たちを味方につけることが、対反乱作戦を進めるうえで極めて重要であることを認識し、住民の支持を得られるように彼らに様々な配慮をしたことから、地域住民の協力を得て反政府武装勢力の攻撃を撃退し、支配地域の治安を維持することが出来た。

三つ目は、ＥＯが適切な情報に基づき、適切なタイミングで、重要なポイントに規律ある軍事力を投入したことである。とりわけＥＯは情報収集に力を注ぎ、アンゴラではＵＮＩＴＡの無線通信を傍受し、彼らの暗号を素早く解読したため、ＵＮＩＴＡの一挙手一投足を監視し、その意図を測り知り得た。ＥＯの「強さ」の秘密は、「シギント」と呼ばれる通信傍受を利用した諜報活動や、敵にスパイを潜入させて秘密情報を収集する「ヒューミント」能力の高さにあったと考えられる。

また、「規律ある軍事力」とは、航空部隊と地上部隊がそれぞれの任務を調整しながら作戦を展開したことや、訓練を通じて文字通り規律のある統率のとれた国軍部隊をつくりあげたことを意味している。アンゴラ国軍もシエラレオネ国軍も、反政府武装組織に対する恐怖心を持ち、自軍に自信を持てない兵士たちを多数抱えていたが、彼らの士気を高め、敵に勝利出来るという自信を持たせるために、小さな作戦で圧勝を経験させる等、訓練と実戦を通じて国軍兵士たちの能力を短期間に向上させたＥＯアドバイザーたちの手腕は、高く評価されてしかるべきであろう。

ＥＯが現地の国軍部隊とこのような関係を築くことが出来たのは、ＥＯのアドバイザーたちが国軍部隊に組み込まれ、彼らの指揮官として常に兵士たちと行動を共にし、生死を共にして戦ったことと無関係ではないだろう。

ＥＯは「戦闘業務」も請け負う民間軍事会社だが、ＥＯのメンバーたちが単独で部隊を編成して敵と戦闘を行ったわけではない。ＥＯは国連が承認する政府とのみ契約する方針をとっており、常にＥＯのメンバーを軍事アドバイザーの身分で国軍部隊の一員として活動させる契約をしていた。実際、現地の政府や国軍からその国の兵士と同じ軍服を支給され、武器もその国の軍隊から支給されたものを使っている。

よく「ＥＯは通常の民間軍事会社が持っていないような本格的な兵器、装備品を持っていた」と言われることがあるが、それはＥＯがその国の軍隊が保有していた、もしくは調達した兵器を使用することが出来たからに他ならない。

ＥＯは自分たちを「傭兵会社ではない」と主張していたが、正統な政府の国軍との契約の下で「アドバイザー」としてその国軍に加わったのだから、確かに「傭兵」でも「非合法」でもない。ヴィネル社がサウジの国家警備隊を訓練し、ＭＰＲＩがクロアチア軍を訓練したのと本質的には同じである。ただ、ＥＯの場合、訓練した現地の国軍と一緒に戦闘まで行った、という点が異なっていた。

しかし、民間企業が戦闘に関わることは、様々な意味で大きなリスクを伴う。ＥＯのアンゴラでの業務の場合、ＥＯがアンゴラ政府との契約の下でアンゴラ国軍を助けたのに対し、南アフリカの軍や政治指導部の中に反政府勢力であるＵＮＩＴＡと強いつながりを持ち、ＵＮＩＴＡがアンゴラで再び政権を奪取することを望んでいる勢力がいたことで、バロウとEOは、南アフリカのいわば「エスタブリッシュメント」を怒らせてしまった。その結果バロウとEOは、南アフリカの政府や軍の上層部から様々な圧力を受け、EOは南アフリカ軍特殊部隊との訓練契約を破棄されただけでなく、バロウはアンゴラでの一件で犯罪捜査の対象となった。

また南アフリカ以外にも、例えば欧米諸国にもUNITAと冷戦時代以来のつながりを持つ国や企業がいて、彼らもEOを貶めるメディア・キャンペーンを展開したため、南アのメディアも国際メディアも揃ってEOの「傭兵たち」の「犯罪」について様々な憶測に基づく記事を多数掲載した。これによりEOの名声や企業イメージは大きく傷つけられ、企業としての存続も困難になり、遂にEOは一九九七年に解散を余儀なくされた。

決してなくならない「戦闘サービス」に対する需要

アフリカの内戦では特に顕著だが、戦争が長期化する場合、違法な資源の開発や武器の密輸をはじめ、その戦争を通じて一定の利権の構造が出来上がってしまうケースが多い。こうした利権の構造から利益を得ている集団は、戦争の継続を望むため、当然戦争を終結させようとする勢力には反発するという力学が働く。

ＥＯの事例が明らかにしたのは、戦争に決定的な影響を与えるような介入をした場合、戦争の継続を求める勢力からの報復を覚悟しなくてはいけないということである。民間軍事会社が「戦闘業務」を請け負うことは、常にそうしたリスクに晒《さら》されることを意味するため、ビジネスとしてはあまりにリスクが高すぎる。

このため、大手の民間軍事会社、とりわけ上場しているような大きな会社は、戦闘業務を避け、「軍事色」を薄めることに努めるようになる。

しかし、戦闘業務を提供する会社がこの世からなくなることはない。ＥＯが戦闘業務を請け負うことになった経緯を思い出してみれば明らかな通り、世界にはこうしたサービスを必要としている国が存在する。国連に支援を求めても、西側諸国に助けを求めても何の支援も受けられず、文字通り孤立無援で反政府武装勢力の脅威に向き合わねばならない政権は今日でも存在する。

軍事力を求める需要があり、サービス提供の対価として支払うお金を用意することさえ出来れば、戦闘まで含めたサービスを提供する会社は必ず現れるものである。

ＥＯは解散したが、この伝説の会社のメンバーたちはその後、別の民間軍事会社に加わったり、新たな会社を立ち上げたりする等して業界に広く散らばり、ＥＯのＤＮＡを広めることになった。

バロウ自身も、二〇〇九年にＥＯのメンバーたちが設立したＳＴＴＥＰインターナショナル社の会長を務めることになり、アフリカ全土で業務を展開。イスラム過激派ボコ・ハラムのテロに苦しめられていたナイジェリア軍を支援したことが知られている。

アンゴラやシエラレオネでのＥＯほど劇的な活躍を見せた会社はいまだに出ていないが、人知れず無名の民間軍事会社が今も世界のどこかで戦闘業務を提供しているのである。

本章では戦闘行為をサービスとして提供した伝説の民間軍事会社エグゼクティブ・アウトカムズ社の歴史を通じて、民間軍事会社の戦闘サービスが必要とされる状況や、実際に戦闘業務を提供することで会社が直面するリスク、そして世界から戦闘業務の提供に対する需要がなくならない背景等について述べてきた。

次章では、平時と有事の境界が変化した時代の民間軍事会社の活動に焦点を当てたい。

第三章　対テロ戦争と民間軍事会社

平時と有事が「曖昧」な時代

二〇〇一年九月十一日、テロリストにハイジャックされた三機の米国の旅客機が、ニューヨークの世界貿易センタービルとワシントンの国防総省に激突し、三千人以上の死者を出す前代未聞の自爆テロが発生した。いわゆる「911同時多発テロ」である。

ジョージ・W・ブッシュ大統領（当時）は、容疑者と目されるオサマ・ビン・ラディンと国際テロ組織アルカイダに対して「対テロ戦争」を宣言し、彼らを匿《かくま》っていたタリバン政権支配下のアフガニスタンを攻撃。その後「対テロ戦争」はイラクへと拡大し、米国史上最長の戦争へとエスカレートしていった。

二〇〇一年十月に開始されたアフガニスタン戦争では、二〇二一年八月にタリバンが再び政権を奪還して米軍が同国から完全撤退するまでの約二十年間で、総額二兆二千六百十億ドルの戦費がかかったとされ、二〇〇三年三月から二〇一一年十二月まで続いたイラク戦争でも、米国は一兆六千億ドルを戦費に費やしたとされている。

このような天文学的な額の予算を投じて実施された対テロ戦争は、民間軍事会社にとってまたとないビジネスの機会を提供した。実際、「ＰＭＣバブル」と言われるほどこの業界が潤った対テロ戦争の時代、民間軍事会社の「功」と「罪」の両面が、かつてないほど明確に浮き彫りにされることになった。

本章では民間軍事会社に対する需要が爆発的に増大し、彼らの「成長」の一大契機となった対テロ戦争とイラク戦争を振り返り、「戦争」の概念が変化した時代の民間軍事会社の活動に焦点を当てたい。

国際テロの脅威を認識していたCIA

911後、米中央情報局（CIA）は「テロ攻撃を防ぐことが出来なかった」ことで激しい非難の声を浴びたが、当時CIA長官を務めたジョージ・テネット率いるインテリジェンスのプロたちは、実はかなりの確率でビン・ラディンとアルカイダが攻撃を仕掛けてくることを予測していた。そして、予測していただけでなく、政策担当者たちに繰り返し大規模テロの脅威に関する警告を発し続けていたことが後に明らかになっている。

テネットやホワイトハウスの元テロ対策大統領特別補佐官リチャード・クラークの回想録、米議会の911調査委員会の報告書やジャーナリスト、ボブ・ウッドワードやスティーブ・コールをはじめとする優れた調査報道から、CIAが911に至る数カ月間、政権

ブッシュ政権時代にCIA長官を務めたジョージ・テネット

中枢の政策担当者に対して繰り返しテロ警告を行っていたことが明らかになっている。以下、その概要をざっと振り返っておこう。

ブッシュ政権が発足した二〇〇一年一月は、CIAのテロ警戒レベルが危険なほど上昇しており、クリントン政権から引き続きCIA長官を任されることになったテネットは、新政権の閣僚メンバーたちに自己紹介をしながら、「国際テロの脅威が切迫している」ことを閣僚たちに伝えるのに躍起になっていた。

実際、この頃テネットは、一九九七年七月にCIA長官に就任して以来、初めて「米国が直面する最も重要な安全保障上の挑戦」のリストの第一番目に「テロリズム」を挙げ、「ビン・ラディンが新たなテロを計画している可能性を示す証拠があり、アルカイダはいまや事前の予告なしに複数のターゲットに同時に攻撃を仕掛ける能力を持っている」と閣僚たちに執拗に説いて回っていた。

そもそも「テロ」というものは、強盗や誘拐のリスクと似て、経験しないとなかなかその危険の本質を理解することが難しい。911以前の米国の、とりわけブッシュ政権の閣僚たちの中で、この脅威の本質を理解していたのはテネットを除いてはほとんどいなかったとされている。

一九九九年の十一月と十二月にアルカイダが世界規模のテロを計画し、米国が中心となって各国が協調してこの攻撃を阻止したことがあったが、この対テロ作戦を経験したのもブッシュ政権にはテネットのほかには誰もいなかった。

一九九九年、国家安全保障局（NSA）は、「ビン・ラディン」と名乗る人物の電話を傍受。「訓練のときは終わった」という内容だった。この傍受情報がきっかけでヨルダンとイスラエルでアルカイダのテロ計画が未然に阻止された。またロサンゼルス国際空港を攻撃するために爆薬を所持していたアルジェリア人テロリストが、クリスマス前にカナダ経由で米国に入国しようとしていたところを当局に逮捕されたのだ。

テネットはこのときCIA局員を総員配置につけ、十五から二十件のテロ攻撃の可能性がある、と当時のクリントン大統領に警告。テネットは重要な友好国二十カ国の情報機関の責任者と協議をし、八カ国で対テロ作戦やテロ容疑者の捕獲が同時に実施されるほど大規模なテロ未遂事件だった。

二〇〇一年五月から六月の時点でテネットが目にしていたのは、この一九九九年のときと同様、もしくはもっと深刻な危険を伝えるインテリジェンスだった。NSAはビン・ラディンの配下にいるメンバーたちの不気味な会話を傍受。その数は全部で三十四件に上ったという。それらには「決行時刻は近い」という宣言や「めざましい出来事が起きる」といった言葉が多く含まれていた。

CIAテロリズム対策センター（CTC）のコファー・ブラック部長は、二〇〇一年六月四日の下院情報委員会の非公開会議で、「私が懸念しておりますのは、われわれが現在これまで以上に大規模で、これまで以上に破壊的な攻撃の瀬戸際に置かれているということです」と証言。続く六月二十六日には、国務省の外交官がパキスタンでタリバンの代表者と会談し、「もしビン・ラディンが米国の権益に攻撃を加えるようなことがあれば、タリバン政権がその責任を負うことになる」とのメッセージを伝え、タリバンに対してビン・ラディンの引き渡しを要求。CTCが、ビン・ラディン・ネットワークの主要な戦闘員たちが姿をくらましたことに気づいたのも六月のことだった。

さらに七月に入るとCTCは、「最近アフガニスタンから帰国した情報源によると、アフガニスタンでは誰もが間近に迫った攻撃について話をしている」というヒューミント（人的情報）も報告してきた。とうとうテネットは七月十日にコンドリーザ・ライス国家安全保障担当大統領補佐官に緊急の面会を要請し、ブラック部長他二人の局員を連れてホワイトハウスを訪問した。

ＣＩＡのチームを待っていたのはライス補佐官のほか、スティーブ・ハドリー国家安全保障担当大統領副補佐官とリチャード・クラーク・テロ対策大統領特別補佐官だった。

「これから数週間もしくは数カ月以内に重大なテロ攻撃があるでしょう」ＣＩＡチームの報告者は開口一番にこう述べたという。「目を見張るような派手な攻撃であり、米国の施設もしくは権益に対して大量死傷者を発生させるようなものになるでしょう。すでに攻撃準備がなされているはずです。同時多発的な攻撃も可能でしょう」

さすがのライスも事の重要性に気付き、その年の三月にＣＩＡが要求していた権限拡大を実現すべく、やっとのことで重い腰を上げたかのように思われた。しかし実際には何一つ具体的な行動は起こされなかった。

その理由の一つとして考えられるのは、ブッシュ政権内に「アルカイダの脅威」に懐疑的で、国際テロ対策を安全保障政策の最重要課題に位置づけることに消極的な勢力が存在したことである。

二〇〇一年四月に開催された国家安全保障会議の次官級会議で、当時のポール・ウルフ

ジョージ・Ｗ・ブッシュ政権時に国防副長官を務めたポール・ウルフォウィッツ

ォウィッツ国防副長官がＣＩＡの報告者に対して「君たちはビン・ラディンを過大評価していないか？　国家支援もなしに、九三年の貿易センター襲撃のようなことをやり遂げられるはずはない」と述べたことがリチャード・クラークの回想録に記されている。ＣＩＡ長官になり損ねたウルフォウィッツは、ドナルド・ラムズフェルド国防長官を補佐する国防副長官に任命されていた。ウルフォウィッツはこのとき、「テロ対策というなら取り上げるべきはイラクのテロ集団だ」とアルカイダではなくイラクの優先順位の方が高いのだと主張した。

またラムズフェルド国防長官の情報参謀にあたるスティーブ・カンボーン情報担当国防次官が、ＣＩＡに対して「テロの脅威情報はアルカイダによる大掛かりな欺瞞《ぎまん》作戦の可能性はないのか」という問い合わせをしていたことも記録されている。ウルフォウィッツも同様の疑問をテネットにぶつけたことが分かっており、国防総省の指導部の間では、ＣＩＡが繰り返し警告するテロ脅威情報に対する懐疑的な風潮が強く存在したことが裏付けられている。

つまり、ＣＩＡと国防総省の間で脅威認識に関する深刻なギャップが存在したため、必要な政策に関する議論もなされないまま、テロ発生の時が刻一刻と近づいていったわけである。

テロのおよそ一カ月前の八月六日。テキサス州クロフォードにあるブッシュ大統領の別荘で行われた大統領日次報告の見出しは、「ビン・ラディンは米国で攻撃を行う決意である」となっていた。これについては二〇〇二年に出版された米議会の９１１テロ事件調査報告書でも詳しく触れられている。この日の大統領への情報報告は、「ビン・ラディンの戦闘員たちが航空機をハイジャックする可能性」についても含まれており、「ハイジャックの脅威」について実際に二回言及されていたという。しかしながら、それがいつ、どこで行われるかについては詳細情報はなかったため、具体的かつ迅速な行動はとられないまま時は過ぎていった。

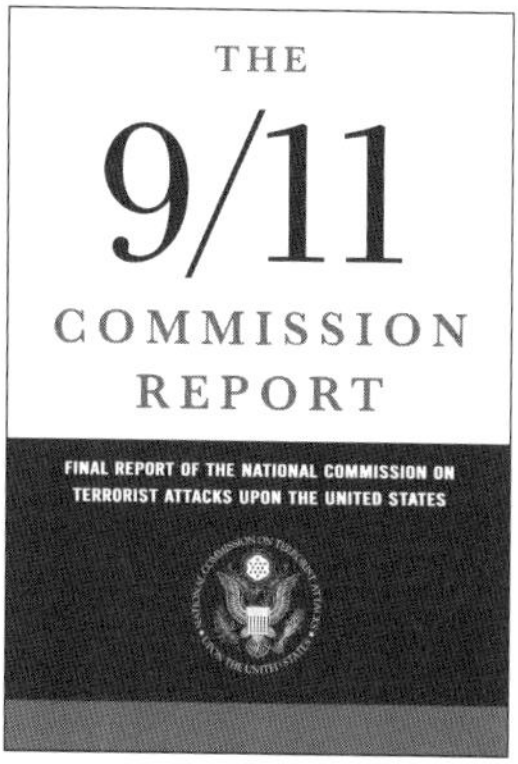

2002年11月27日に出版された米議会による911テロ事件調査報告書「The 9/11 Commission Report」

「CIAの戦争」だったアフガン戦争

　このように911テロに至る数カ月間、CIAはテロが起こりうる時期や場所は特定出来なかったものの、大規模なテロの警告を繰り返し発信し続けていた。当然の結果として、事件後は一気にブッシュ政権内での発言力を高めることになった。

　これに関してCIAの対テロ戦争に詳しいピューリッツァー賞作家のスティーブ・コールの発言が興味深い。911テロ以降、コールの発言は米メディアで幅広く引用されたが、米公共放送サービスの「フロントライン」というドキュメンタリー番組が、同氏の長いインタビューをウェブサイトに掲載した。以下、彼の発言を引用しよう。

「ブッシュ政権の閣僚級メンバーの中で、〝このテロ攻撃がいったいどこから来たのか〟について本当に理解していたのはテネットだけだった。それまで数年間にわたってアルカイダを追撃する情報戦の最前線にいたのはCIAだったからだ。（中略）ブッシュ政権の閣僚たちは、テロの犯人はアルカイダであり、アルカイダがアフガニスタンにいるということは理解したものの、この国際テロ・ネットワークの本質について、テネットほど包括的で深い理解をしているものは他にいなかった。911直後の閣僚会議で、テネットは誰よりも豊富で詳細な情報とそれにもとづく対応策を次々と打ち出し、議論をリードしていった」とコールは解説している。

ＣＩＡは圧倒的な情報量で政権内の「議論」を制しただけでなく、９１１後に初めて戦われたアフガニスタンでの戦争も、その戦略的なデザイン、計画から実施まで、主要な部分はほとんどリードしたという。

テロ発生から二日後の九月十三日に、ＣＩＡはすでに対アルカイダ戦争の計画をブッシュ大統領と閣僚たちに説明していた。驚くべき速さである。攻撃的な秘密工作でアルカイダとその擁護者であるタリバンに対する戦闘を仕掛けるという案で、そのためにすぐにでもＣＩＡの準軍事部隊をアフガニスタン内に潜入させ、北部同盟というタリバン政権と敵対する現地の武装勢力との協力体制を築き、米陸軍特殊部隊の潜入の事前準備を進めることが可能だ、というものであった。

これを受けてブッシュ大統領がＣＩＡの提案を正式に承認したのは九月十七日だったという。ＣＩＡは九月十三日の夜には、キャリア三十五年のベテラン工作員ゲーリー・シュローンを退職プログラムから呼び戻し、すぐにチームを編成してアフガンに行くよう命じた。彼らの任務は、北部同盟と連携して米軍特殊部隊の受け入れ態勢を整える準備に取り

2001年10月７日に開始された米軍によるアフガニスタンへの空爆作戦

かかることだった。

こうしてＣＩＡが秘密工作チームをアフガン国内に潜入させたのは、テロ事件発生から十六日後の九月二十七日だった。武装した十人の工作員たちからなるＣＩＡのチームは、百ドル札で合計三百万ドルを持ってアフガン入りし、札束を並べて特殊部隊の受け入れに協力する現地の部族や地方軍閥等を買収し、敵の部隊の位置、装備や通信事情等の情報を入手。地方の村の長老たちはだいたい一人五千ドルも出せば協力を買い付けることが可能で、軍閥の長であれば五万ドルから十万ドル払えば買収出来たという。

ＣＩＡによる工作活動がなされる中、米軍によるアフガニスタンへの空爆作戦が開始されたのが十月七日だった。続いて十月十七日には米陸軍特殊部隊がようやくアフガンの地に到着し、CIAが提供する敵の標的に関するインテリジェンスをもとに、アルカイダやタリバンの標的近くへ接近し、標的にレーザー照射をすることで精密誘導弾による攻撃の精度を上げていった。

「対テロ戦争」の初戦だったアフガニスタン戦争は、CIAの工作員約百人、陸軍特殊部隊員約三百人という小部隊に、強力な航空戦力を組み合わせた革新的なアプローチで戦われた。加えて反タリバンの地方武装勢力である北部同盟の協力を取り付けることで、大規模な米軍の地上部隊を送ることなく首都カブールを制圧することに成功。この時CIAは北部同盟や地方の部族長の協力を取り付ける工作に七千万ドルを使ったと言われた。

このようにアフガニスタン戦争は、「CIAの戦争」としても過言でないほど、軍隊ではなく情報機関であるCIAが主導した戦争だった。これは「国家ではないテロ組織との戦争」という新しいタイプの戦いの本質を示しているとも言えよう。

CIAがブラックウォーターと結んだ前代未聞の契約

しかし米国が突如として新しい戦争に突入していくにあたり、困った問題が生じた。第一章でみてきたように、冷戦終結後に米国は、「平和の配当」の名のもとに軍隊を縮小させ、情報機関も予算と人員を大幅に削減していたことから、政府内に有能な人材が揃っていなかったのである。

特にCIAは人的情報（ヒューミント）から、衛星等の高度なハイテク技術を駆使した技術情報（シギント）へと比重を移したこともあり、かつての〝古典的なスパイたち〟が現役を退いていた。そこでCIAは911テロ後、経験の豊富な情報機関の元局員たちを再雇用する等して対応したが、それだけでは需要を満たすことが出来ず、必要とされる人材や能力を民間市場に求めるようになった。

このような流れの中で二〇〇二年四月、CIAは米ブラックウォーター社と最初の警備・警護契約を締結した。CIAの歴史の中でも前例のないこの契約の下、ブラックウォーターはアフガニスタンの首都カブールのCIA支局に警備隊員二十四人を派遣する六カ月の契約を五百四十万ドルで獲得した。

「なぜCIAが民間の警備を必要とするのか？」と不思議に思う読者もいるかもしれない。実際のところ、CIAの職員だからと言って、映画『ジェイソン・ボーン』の主人公のように、複数の外国語を自在に操り、銃の操作から格闘技までこなせるスーパーマンのような人材が多数いるわけではない。事実、CIAには「グローバル・リスポンズ・スタッフ」と呼ばれるCIA関係者の身辺警護やCIAの秘密基地の警備等、CIAのセキュリティ全般を扱う警備専門の部門がある。

しかしCIAは「グローバル・リスポンズ・スタッフ」の警備要員の人手不足に悩まされ、とりわけ、アフガニスタンのようなテロの脅威が極めて高い国における高度な警備・警護の経験を積んだスタッフの数が不十分であった。そこでブラックウォーターという当時は無名だった民間軍事会社に警備・警護を委託したのである。

ブラックウォーター社は、米ミシガン州の富豪で米海軍特殊部隊シールズ出身のエリック・プリンスが、軍の仲間たちのアイデアをもとに一九九六年十二月に設立したブラックウォーター・ロッジ・アンド・トレーニングセンターが基になり、のちに総合的な軍事サービス提供者に発展した民間軍事会社である。

ブラックウォーター社の設立者エリック・プリンス

会社設立当初の構想は極めて地味で、「政府による小火器およびそれに関連する警備訓練の外部委託で予想される需要をまかなう」（ジェレミー・スケイヒル『ブラックウォーター　世界最強の傭兵企業』）ことだったという。

九〇年代半ばにプリンスたちが会社設立の計画を立て始めたのは、ちょうど冷戦終結後のことであり、米軍が縮小を続けている時期だった。当時、軍の予算削減と規模縮小の過程で犠牲となった一つが訓練施設だった。訓練施設は軍事機構を構成するもっとも重要な要素の一つだったが、レーガン、ブッシュ・シニア、そしてクリントンと三代続く政権下で、軍事基地の再編と訓練施設の閉鎖のプロセスが進行し、プリンスが所属したシールズをはじめ、特殊部隊関係者の多くが訓練施設の不足を感じるようになっていたという。

プリンスは、ノースカロライナ州カリタック郡に四千エーカーを超える土地を、そして隣のカムデン郡に千エーカー近くの土地を購入して最新の軍事訓練施設を建設、九八年五月に営業を開始した。

ブラックウォーター社のトレーニングセンターは、世界最大の海軍基地ノーフォーク海軍基地から三十分ほどの場所に建てられたことから、すぐに海軍特殊部隊のシールズが使うようになった。近隣の警察やカナダの警察もブラックウォーターの訓練プログラムに登録するようになり、この新規事業はまずまずのスタートを切った。

最初の転機がブラックウォーターに訪れたのは二〇〇〇年十月のことである。中東のイエメンのアデン港に停泊していた米海軍のミサイル駆逐艦コールに小型ボートが接近。ボートは駆逐艦の左舷《さげん》に接近して爆発し、巨大な艦に四十フィート四方の穴を空け、米兵十七人の命を奪ったのである。

国際テロ組織アルカイダによるこの自爆テロ攻撃は、米軍に対して部隊防護強化の必要性を痛感させた。この事件後、ブラックウォーター社は米海軍に対して部隊防護訓練を提供するという内容の三千五百万七千ドルの契約を獲得した。

そして二〇〇一年に911同時多発テロが発生すると、同社は米連邦捜査局（FBI）、エネルギー省国家核安全保障局サービスセンター、財務省金融犯罪対策ネットワーク、保健社会福祉省次官補室まで、政府のあらゆる部門に対してテロの脅威から人や施設を守るための訓練を提供するようになった。

911テロの結果、各政府機関に対して施設の防護や人員の警護、そのための要員の訓練等「テロ対策」名目の莫大な予算がつくようになったことから、各政府機関がこの分野で実績のあったブラックウォーターにこれらの業務を依頼するようになったのである。

このブームに乗ってさらに事業拡張を考えたブラックウォーターは、二〇〇二年一月にデラウェア州にブラックウォーター・セキュリティ・コンサルティング社を設立。高まる警備・警護の需要を受けて、元軍人等の警備・警護のプロフェッショナルを派遣するサービスを開始した。ＣＩＡのカブール支局に警備隊員二十四人を派遣するという契約は、ブラックウォーター・セキュリティ・コンサルティングが設立されて最初の契約だった。

ＣＩＡの対テロ秘密工作のパートナーとなるブラックウォーター

ブラックウォーターの契約はその後、対テロ戦争におけるＣＩＡの役割や任務が増大するに従い拡大し、同社はＣＩＡの作戦やオペレーションに不可欠なパートナーに成長していく。

ＣＩＡは伝統的に情報収集と分析がその主たる役割である。一九四七年、当時のトルーマン大統領は、「独立した機関がホワイトハウスに対して国際問題に関する客観的な情報を提供することを求めて」ＣＩＡを設立したと記録されている。

戦争に関する政策を立案し、実施するのは国防総省の仕事であり、国防総省にも情報収集・分析を担うセクションがある。しかし、政策を立案している官庁は、自分たちの政策に都合のよい情報を大統領に提示する傾向がある。そこで大統領は、政策決定を下す上で客観的なインテリジェンスを必要とし、そのために「独立した機関」としてＣＩＡを設立したのである。だからこれまでＣＩＡの情報分析は国防総省とは異なり、両者は対立することが多かった。

といってもＣＩＡにも準軍事部門があり、テロリストや反乱勢力を密かに暗殺したり、米国の脅威となる政権を転覆させるために反政府勢力を密かに支援したり、そのための軍事訓練を提供したり、といったいわゆる秘密工作を行うこともあった。

だがそれはあくまで特別な例であり、敵の殺害を含む秘密工作を日常の活動として行ってきたわけではなかった。しかし、９１１テロ以降の対テロ戦争で、ＣＩＡは「対テロ追撃チーム」という特殊作戦チームによる急襲攻撃を自ら実施する戦闘集団となり、従来の情報機関としての役割から大きな変貌を遂げていった。

対テロ追撃チームとはつまり、アルカイダのテロリストの隠れ家を探し出し、密かに暗殺チームを送り込んでテロリストを捕獲もしくは殺害する秘密工作を行うチームのことであり、ブラックウォーターはこのチームの警護も請け負うようになり、事実上秘密工作に参加したとされている。

ＣＩＡとブラックウォーターのこの工作活動での協力体制はアフガニスタンにとどまらず、のちのイラクでも実施されるようになった。二〇〇九年十二月十日の米『ニューヨーク・タイムズ』紙は、「テロ容疑者に対する襲撃は、二〇〇四年から二〇〇六年までのイラク反乱の最盛期には、ほとんど毎晩のように行われ、ブラックウォーターの従業員は、この作戦で中心的な役割を果たしていた」と報じていた。

しばしば、CIAと米軍特殊部隊とブラックウォーターが合同でこの種の作戦を実施したが、「CIA、軍、ブラックウォーターを分けるはずの境界線が曖昧になり、ブラックウォーターの警護員は、単にCIAの要員の警護をするのではなく、イラクやアフガニスタンで武装勢力を捕らえたり殺したりする任務のパートナーになることもあった」とブラックウォーター社の元警護員や元情報部員たちは同紙に語っている。

ブラックウォーターはまた、CIAのもう一つの秘密工作活動にも深くかかわっていたことが明らかになっている。CIAは、アルカイダのテロリストの隠れ家を探し出し、密かにテロリストを暗殺する手段として、「追撃チーム」を送り込むのとは別に、無人機からミサイルを発射して攻撃する作戦も展開していた。今でこそ、世界中の軍隊や武装組織が無人機を使った様々な作戦を行うようになっているが、二〇〇〇年代初頭の時点でこの技術を持ち、実際に運用していたのは米国だけだった。

当時米国が開発した無人機プレデターは本来は偵察機であり、高性能のビデオカメラを搭載し、上空から敵対勢力の動向を調べる偵察任務のために使用された。これにミサイルを搭載し、リモコン操作で発射して敵を暗殺出来るような技術が確立されたのはちょうど911テロが発生した頃のことだった。

しかし当時は無人機からのミサイル攻撃はまだ実験段階で、この技術に対する信頼性が確立されていなかっただけでなく、倫理的な側面からもこれに反対する声が情報機関の中に存在した。元ホワイトハウスのテロ対策大統領特別補佐官だったリチャード・クラーク氏は当時の様子について次のように述べていた。

「われわれは（ミサイル搭載型の無人機を）完成させたのだが、誰もがその〝暗殺のための道具〟を前にして狼狽《ろうばい》していた……」

初期段階に躊躇《ちゅうちょ》していたにもかかわらず、ブッシュ大統領（当時）はテロリスト暗殺のために無人機を使用することを正式に認め、二〇〇二年にCIAと軍はそれぞれ無人機の使用範囲について合意。この両者間の合意によりCIAはパキスタンで、軍はアフガニスタンでそれぞれ無人機を使用することになった。

CIAの無人機部隊による活動は、パキスタンとアフガニスタンにあるCIAの秘密基地で行われ、ブラックウォーター社の警護要員たちが秘密基地の警備だけでなく、プレデターに搭載するヘルファイアミサイルや五百ポンドのレーザー誘導爆弾を組み立て、無人機に搭載する任務も担っていた。

CIAの対テロ作戦において、無人機の存在は、アフガニスタンとパキスタンの特殊な事情から、米政府にとってその重要性を高めていった。アフタニスタンとパキスタンの国境地帯、とりわけパキスタン側がアルカイダをはじめとするテロリストの「聖域」となっており、テロリストたちはアフガニスタンでテロを行ったのち、国境を越えてパキスタン側に逃げ、隠れるという行動をとっていたのである。

それでもCIAは当初、オサマ・ビン・ラディンかアルカイダ・ナンバーツーのアイマン・ザワヒリを発見した時以外は、ミサイルを発射する前に必ずパキスタン政府と協議しその同意を得てから攻撃を実施することにしていた。

ところが次第に米国とパキスタンとの関係が悪化し、パキスタンは二〇〇六年までにアフガニスタンとの国境沿いで活動する武装勢力と次々に停戦合意を結び、CIAの無人機攻撃に関する要請にタイムリーに応えなくなっていった。一方、米政府の中では、「パキスタン軍は事前に無人機攻撃に関する情報をアルカイダに教えている」と疑う声が強くなっていった。

遂に二〇〇七年にはＣＩＡはほとんどパキスタンでミサイルを発射することはなかった。そこで当時のＣＩＡ長官マイケル・ヘイデンがブッシュ大統領に対して、パキスタン政府との事前協議の合意を反故にするよう働きかけを強めた。この頃ＣＩＡ内ではパキスタン政府に対する不満がピークに達していたという。このＣＩＡの要請にブッシュ大統領がゴーサインを出したことから、二〇〇八年には三十八回の無人機攻撃が実施された。

ところがオバマ政権になると、アフガニスタン、パキスタンに対する政策の優先順位が上がったこともあり、ＣＩＡの無人機攻撃は劇的に増加。英国の調査報道協会（ＴＢＩＪ）の調査によれば二〇〇八年（ブッシュ政権）にパキスタン国内で実施された無人機攻撃は三十八回、二〇〇九年は五十五回、二〇一〇年は百二十八回、二〇一一年は七十五回、二〇一二年は一二月までの時点で四十五回となった。二〇一一年以降はパキスタンとの関係が劇的に悪化して何度も攻撃中止を余儀なくされるような事態が続いたため減少傾向を見せたが、二〇〇四年から二〇一二年の間には、無人機攻撃により少なく見積もっても二千五百九十三人、多く見積もると三千三百八十七人の死者が発生した。

二〇〇一年頃はＣＩＡ局員の中にさえ、この〝暗殺のための道具〟の威力に恐れおののいて、その使用を思いとどまろうとする機運があったのだが、オバマ政権の時代になって以降、無人機攻撃は対テロ戦略の中核に位置づけられる重要な作戦となり、CIAにとってごく日常的な活動になった。

こうしたCIAの無人機による対テロ秘密工作において、ブラックウォーターのような民間軍事会社が委託されたもう一つの任務は、アルカイダ指導者の居場所に関する情報収集、監視であった。CIAは無人機攻撃の標的に関する情報を集め、アルカイダやタリバン幹部の隠れ家を突き止めるため、パキスタンに無数の「民間スパイ」を送り込んで諜報活動を展開した。こうした米国の秘密諜報活動はパキスタンを苛立たせ、同国の対米不信を増大させて、深刻な外交問題に発展することになる。

いずれにしても、CIAの無人機を使った対テロ作戦において、攻撃する標的を最終的に決定し、ミサイル発射の「引き金を引く」のはCIA局員の役割だったが、そこに至るまでのすべての過程、すなわち情報収集から標的の監視、無人機に搭載するミサイルの管理や無人機への搭載、無人機のメンテナンスといったあらゆるサポート業務を民間軍事会社が請け負っていた。

こうしてブラックウォーターは、CIAの対テロ秘密工作に不可欠なパートナーとなっていったのである。

米国諜報史上に残る大惨事

二〇〇九年十二月三十日、米国諜報史上に残る大惨事が発生した。

アフガニスタン東部のホースト州にあるＣＩＡの基地で自爆テロが発生し、七人のＣＩＡ要員と一人のヨルダン政府関係者等が死亡した。「一度にこれだけ多数のＣＩＡ要員が殺害されたのは、過去三十年間を振り返っても例がない」と事件当時言われ、歴史に残るＣＩＡの大失態として記録された。

のちにこの自爆テロ犯は、ＣＩＡが９１１テロ以来、緊密に協力してきた親米アラブ国家ヨルダンの情報機関がアルカイダに潜入させていたスパイだったことが明らかになった。ＣＩＡはつまり、「ヨルダン情報機関とアルカイダの二重（ダブル）スパイによる自爆テロ」という前代未聞の手法で、奈落の底に突き落とされたのだった。

十二月三十日の朝、パキスタンで「諜報活動」に従事していたヨルダン情報機関ＧＩＤのスパイで医師のフマン・カリル・アブムラル・バラウィが、パキスタンとアフガニスタンの国境の一つグラーム・ハーンを通過し、あるアフガン陸軍のコマンダーと落ちあった。通称「アルガワン」と呼ばれるこのアフガン軍人は、ホースト州にあるＣＩＡの「チャップマン」基地の警備責任者を務めていた人物だった。二人はホースト州の近くの村メルマンディまで車で向い、そこに用意してあった赤のトヨタ・カローラに乗り換えた。アルガワンがこのカローラを運転し、ヨルダン人スパイ、バラウィは後部座席に座った。

そこからＣＩＡのチャップマン基地までは約四十分。地元ではここがＣＩＡの基地であることはよく知られており、厳重な警備態勢が敷かれていた。高い土壁で囲われた基地の外周には数多くのアフガン人警備員がＡＫ47軍用ライフルを手に警備を行っていた。基地の周囲四カ所には要塞化された監視塔があり、監視要員が二十四時間体制で警戒を続けていた。また基地の敷地内にはさらに蛇腹形鉄条網のついたフェンスがあり、さらに三つ目のゲートでは米軍の兵士たちが警備にあたっていた。

この三層にわたる警備態勢があったにもかかわらず、バラウィを乗せた車は一度もセキュリティ・チェックを受けることなく、ＣＩＡや陸軍情報部の建物が並ぶ基地の内部にまで到達することが可能であった。外周警備にあたるアフガン人たちの中にアルカイダやタリバンのスパイが潜んでいる可能性は排除出来ない。ＣＩＡが「黄金の情報源」と期待するこの重要なスパイを見られるわけにはいかない。そして何よりもバラウィが、入口で「侮辱される」ことを嫌がり「友人として扱われるよう」配慮を求めていた。

ＣＩＡはバラウィを「信頼出来る情報源に相応しく丁重にもてなす」方針を決めたため、警備員たちは「この赤いカローラの客人にセキュリティ・チェックをすることなく基地内に入れるように」と事前に指示を受けていたのだ。

赤のカローラは基地内に設置されているＣＩＡの簡易施設の手前で停車。車の傍には、バラウィの到着を待ち焦がれていたＣＩＡの関係者十人以上が、このヨルダン人医師をあたたかく迎え入れようと用意して待っていた。

バラウィは片手をショールの中に隠したまま車から降りた。片足を引きずるように歩きながらぶつぶつと何か話していた。バラウィの片手はショールの中に隠されたままだ。直感的に異常に気づいた二人のＣＩＡの警護員が銃口をバラウィに向けて両手を頭の上に上げるように怒鳴りつけたが、バラウィは「神などいない、いるのはアラーの神だけだ」とアラビア語で大声で叫ぶと同時に起爆装置のスイッチを入れた。

バラウィが身に着けていた自爆ベストの軍用プラスチック爆薬Ｃ４の威力は凄まじく、バラウィの身体が木端微塵になったのはもちろんのこと、もっとも近くにいた警護員二人は数十メートル吹き飛ばされて即死。チャップマン基地の責任者であったジェニファー・マシューズはじめＣＩＡの要員計七人とバラウィを担当していた一人のヨルダン情報機関のオフィサーが死亡した。

この衝撃的なテロは、「911に次ぐテロリストの勝利の瞬間」としてセンセーショナルに報じられ、国際メディアは事件の背景について様々な角度から詳細に報じた。そうした中で密かに専門家の注目を集めたのが、この自爆テロで命を落とした「CIAの警護員」二人が、旧ブラックウォーターの警護要員だったという事実である。

事件発生当時は、「Xe」と社名を変更していたが、ブラックウォーターは二〇〇二年に初めてアフガニスタンで獲得したCIAの警護という契約を、この時点まで継続していたのだった。

パキスタンを怒らせたブラックウォーターの民間スパイ

米国がアフガニスタンでアルカイダやタリバンに対する対テロ戦争を進める中で、米政府内で強まっていた認識の一つが、「パキスタンにおけるテロ組織の聖域」を潰さない限り、アフガニスタンでの作戦を成功させることは難しい、というものだった。

パキスタンにアルカイダやタリバンの指導者たちがいることが分かっていても、表向きパキスタンは米国の友好国であり、ここに軍隊を送って軍事行動をとるわけにはいかない。

そこでオバマ政権は、パキスタンではCIAに「秘密工作」という枠組みで戦闘行為をさせた。とりわけパキスタン国内での活動の主役としてオバマ政権下で強化された作戦が、無人機プレデターによるミサイル攻撃だった。CIAの工作員や特殊部隊員でさえ近づけないアフガニスタン・パキスタン国境の村々を上空から監視し、「テロリスト」を発見し、その行動を監視した後、最適な機会を見つけてミサイルを発射して殺害するというリモコン操作の暗殺作戦である。

しかし当然ながら誤爆や巻き添えで亡くなる民間人も多数発生したことから、CIAがこの作戦を強化すればするほど、パキスタン人の反米感情が強まり、反米テロリストたちに同情的な環境が生まれるという負の連鎖が起きていた。

二〇一一年一月二十七日、かつてムガール帝国の首都として栄華を誇ったパキスタン東部の町ラホールで、米・パキスタン関係を揺るがす大事件が勃発した。人通りの多い混雑した交差点に一台のホンダ・シビックが停車。その中にチェックのシャツを着て短髪の体格の良い白人レイモンド・デービスが一人で乗っていた。周囲に視線を配りながら信号待ちをしていたデービスは、対向車線を二人のパキスタン人がオートバイに乗って走ってくるのに気がついた。そのオートバイは急旋回するとデービスの車の前に躍り出た。後部座席に乗っていた男はピストルを手にしていた。

デービスは携帯していたグロック9ミリ・セミオート・ピストルをさっと取り出し、ハンドルを握ったまま五発、そのパキスタン人たちに向けて発射。後部座席に乗っていた十九歳のパキスタン人ムハンマド・ファヒームが路上に倒れて即死した。

デービスはすぐに車から降りると、逃げ出したオートバイの運転手ファイザン・ハイダーの背中に向けてさらに五発撃ち込んだ。ハイダーは三十フィートほど走ったところで倒れ込み、死亡した。のちの検視結果によると、彼は正面から三発、背後から二発銃弾を受けていたという。

車に戻ったデービスは、無線機で応援を呼び、死亡した二人のパキスタン人の写真を撮り始めた。

「彼はとても冷静で何食わぬ顔をしていた。たった今二人の人間を殺したというのに、どうしたらこんな風にしていられるのかとたまげたよ」

一部始終を目撃していたパキスタン人が英『ガーディアン』紙のインタビューに答えてこう証言した。

しばらくするとトヨタ・ランドクルーザーが猛スピードで現場に近づき、付近でオートバイを運転していた別のパキスタン人を引き殺し、猛スピードで逃げ去った。このランドクルーザーが逃げ込んだ先は、なんとラホールの米総領事館であった。

まるで映画の「００７シリーズ」か「ジェイソン・ボーン」シリーズの一シーンのような出来事だった。ただ映画と違うのは、ランドクルーザーは米総領事館に逃げ込んだものの、二人を射殺したデービスが、逃走中にパキスタン警察に捕えられたことである。

レイモンド・デービスは三十六歳の米国人で、外交官パスポートを所持していた。米政府はただちにパキスタン政府に抗議し、オバマ大統領自ら「われわれの〝外交官〟をすぐに解放するように」との声明を発表した。しかし、デービスの肩書や職務内容に不審な点が多かったこと、彼による「犯罪」の深刻度、それにパキスタン国内で膨れ上がる反米感情が相まって、この問題は複雑に発展していった。

問題の一つは、当初米国務省が、デービスを「在ラホール米総領事館のスタッフメンバー」だと発表したことだった。同省は数日後に慌てて「在イスラマバード米大使館の管理及び技術スタッフ」だと訂正。この肩書の違いは、デービスの処遇にとって決定的に重要だった。

もしデービス氏が「大使館の管理及び技術スタッフ」であれば、彼は一九六一年の「外交関係に関するウィーン条約」に基づいて完全な外交特権が適用される。つまりこの場合、パキスタン政府はデービスを国外追放にすることしか出来ない。

しかし、もし彼が「在ラホール総領事館のスタッフ」である場合、総領事館職員の権利を規定した一九六三年の「領事関係に関するウィーン条約」の対象となり、この場合、「当該国」すなわちパキスタンが、「重大な犯罪」を犯した総領事館職員を起訴することが可能となる。

これに加え、デービスの素性とその行動が問題視された。デービスは通常外交官が通らないようなラホールのエリアを一人で運転していた。しかも、グロック9ミリ・ピストルを不法に所持していただけでなく、弾丸七十五発、カッター、GPS機器、赤外線懐中電灯、無線機、望遠鏡、デジタル・カメラ、航空券、携帯電話二つ、それに白地小切手を所持していたのである。とても普通の外交官とは思えない代物ばかりだ。しかもデジカメには、インドとの国境沿いにある立入禁止区域の政治的に繊細な施設が多数収められていたという。

「彼は単なる外交官ではない」

事件発生直後からそんな見方がメディアを通じて出されていた。またデービスは、「銃を持った強盗の脅威に直面して自衛のために行動した」と自身の行動を正当化したが、パキスタン当局は、十発も発射し、しかも車から降りて、逃げる男の背中を二発も撃っているのは明らかに自衛の域を超えていると主張した。

ちなみに殺害された二人のパキスタン人は共に不法にピストルを所持しており、一つのピストルは撃鉄が引かれていたという。また実弾と盗難携帯電話五つも発見されており、この二人はデービスを襲う直前にも強盗を働いていたことが分かっている。

この事件を受けてパキスタン国内ではただでさえ強い反米感情がメラメラと燃え上がり、メディアは「レイモンド・デービスはＣＩＡのエージェントだ」との観測記事を掲載した。またパキスタン政府に対して「デービスを極刑にすべきだ」と要求する反米抗議デモが各地で発生した。「パキスタンのタリバン運動」のようなイスラム過激派組織も、「デービスを釈放するならパキスタンでテロを起こす」との声明を発表し、この事件は瞬く間に政権の足元を揺さぶる一大政治問題に発展したのである。

デービスの釈放に応じないパキスタン政府に対し、オバマ政権は二月に入るとパキスタン政府とのあらゆるハイレベルな対話を中止すると発表して不満の意を表明し、パキスタン政府との外交関係断絶も辞さない強い立場で抗議した。

クリントン国務長官は、二月初旬に予定されていたカレシ・パキスタン外相との会談をキャンセルし、二度にわたり駐米パキスタン大使を呼びだして「レイモンド・デービスに対する外交特権を尊重して直ちに釈放するように」と強く要請した。

実はこの頃、米CIAと米軍特殊作戦司令部が、オサマ・ビン・ラディンが潜んでいたパキスタン北部アボタバードへの急襲作戦を検討していた。もしデービスが拘束されている間にビン・ラディン邸に対する攻撃が行われたとすれば、デービスは釈放されないばかりか、下手をすれば極刑に処されてしまうかもしれない。オバマ政権内ではデービスの釈放が緊急のテーマになっていった。

そこで同政権は、二月中旬には外交問題のトラブル・シューターであるジョン・ケリー上院議員をパキスタンに派遣して交渉にあたらせた。パキスタン政府高官との会談を重ねたケリー上院議員は、十六日に「デービス氏はすぐに釈放されるだろう」と楽観的な見通しを述べてパキスタンを後にしたが、翌十七日にラホール市の高裁は、「レイモンド・デービスに外交特権があるかどうかの判断を、三週間以内にパキスタン政府が決定するように要請」するとの決定を下し、デービスの即時釈放を求める米政府を落胆させた。

このパキスタン政府の対応に米議会は激怒し、パキスタンへの対外援助を凍結する措置を検討し始め、米・パキスタン関係は危機的な状況に達したのであった。

「ラホール発砲事件で外交危機を招いた米国人はＣＩＡのスパイだった」

とびきりセンセーショナルな見出しが世界中を駆け巡ったのは二月二十日の日曜日のことだった。このとてつもないスクープを飛ばしたのは、英国の高級紙『ガーディアン』で、主にパキスタンの情報機関である軍統合情報局（ＩＳＩ）からの情報をもとに、「デービスがＣＩＡの契約職員であることを確認した」と報じ、さらに彼が以前は悪名高い民間軍事会社ブラックウォーター社の警備員だったことも暴露した。

またご丁寧に、「大手米メディアはこの事実を知っていながら、米政府の要請に応じてこの情報を開示していない」ことまで明らかにしてしまったのだ。

この『ガーディアン』のスクープを受けて翌二十一日、米『ウォールストリート・ジャーナル』、米『ワシントン・ポスト』、米『ニューヨーク・タイムズ』等が、「レイモンド・デービスは米中央情報局（ＣＩＡ）の契約職員であった」ことを一斉に報じた。

米『ニューヨーク・タイムズ』紙はこの一件を以下のように説明した。

「われわれは、デービス氏の具体的な職務を明かすことは、同氏の生命を危険にさらす恐れがあるというオバマ政権の要請に応じ、デービス氏のＣＩＡとの関係についての情報の公表を一時的に差し控える措置をとっていた。しかしいくつかの外国の報道機関がデービス氏のＣＩＡとの関係の一部について公表し始めた。月曜日（二十一日）になって、米政府は報道規制を取り下げた」

米政府はたとえデービスがＣＩＡのために働いていたとしても、外交官パスポートを持ち、外交官特権を受けられる立場にあることに違いはないとした。また、もはやこれ以上報道規制を続けられないと判断して、事実の公表に踏み切ったのだ。

欧米各紙が報じたところによると、デービスはＣＩＡの契約職員であり、「ＣＩＡグローバル・リスポンズ・スタッフ」の一員として工作担当官やエージェントを含むＣＩＡ関係者の身辺警護を提供する任務に就いていたという。

デービスは米陸軍の出身で、一九九〇年代に歩兵として欧州での平和維持活動等に従事した後、九八年に「グリーン・ベレー」として知られる特殊部隊に入隊し、二〇〇三年に除隊するまで同部隊に所属していた。デービスはブラックウォーター社に入ってからは、同社とＣＩＡの契約に基づいてＣＩＡ職員の身辺警護の業務に就いていたとされる。その後、同社を辞めて自身でセキュリティ会社ハイパリオン警護サービス社を設立し、直接ＣＩＡと契約して「グローバル・リスポンズ・スタッフ」のメンバーとしてＣＩＡ職員の身辺警護の任務に就いていたことが明らかにされた。

デービスがＣＩＡのために働いていたこと以上に、彼が米ブラックウォーターの社員だったことが、パキスタンで爆発的な反響を呼んだ。ブラックウォーターの評判はパキスタンではすこぶる悪かった。同社はパキスタンのバロチスタン州にあるＣＩＡの秘密基地で無人機プレデターにミサイルを搭載する任務を請け負っていることがよく知られていた。同社はパキスタン国民から大顰蹙《ひんしゅく》を買っているＣＩＡの無人機攻撃の片棒を担いでいたのである。

しかしそれだけでなく、同社がＣＩＡのための様々な秘密工作の任務に就いているのではないか、と多くのパキスタン人が疑っていた。パキスタンでは「米国の陰謀論」がすぐに広まり影響力を持ちやすい。こうしたＣＩＡの秘密部隊の手先としてブラックウォーター社のような西側の民間軍事会社が暗躍している、と知識人を含めて多くのパキスタン人が信じていた。そしてこの事件は、そうした陰謀論の正当性を半ば証明してしまったようなものだった。

「やはり多くのＣＩＡのスパイたちが民間人を装って不法に銃を所持してパキスタン国内でスパイ活動を展開しているではないか」

パキスタン人たちは米国に対する猜疑心をますます増大させ、反米感情を一気に増幅させた。CIAのスポークスマン、ジョージ・リトルは、「われわれの警備担当官は米政府職員にセキュリティを提供する任務を帯びており、情報収集や秘密工作等の任務には従事していない」と述べていたが、パキスタンではそんな説明に耳を傾ける人はほとんどいなかった。

しかし、実際、デービスは何をやっていたのか?

CIA関係者からは、「デービスが警護任務の事前偵察をしていた」だけだという説明がなされた。身辺警護要員は、実際に警護対象者を連れて現場に行く前に、事前にそのエリアをよく知っておく必要性から、偵察を兼ねて事前にそのエリアを調べることを通常の任務としている。だからこうした事前偵察任務に従事していたところ、運悪く強盗に出くわしてしまったと説明したのである。

デービス自身は単なる警護要員に過ぎないのかもしれないが、デービスと彼が所属するチームは、ラホールの米総領事館とは別のCIAの秘密基地を拠点に活動していたと伝えられている。このCIAのチームは、米特殊作戦コマンド傘下の特殊部隊のチームとも連携しながら、パキスタン東部における情報収集や秘密工作活動の一翼を担っていた可能性も指摘されている。米『ワシントン・ポスト』紙は、この隠れ家にはデービス以外にも五人のＣＩＡ契約職員が住んでいたと報じた。

もちろん、ＣＩＡや特殊部隊がどんな組織をターゲットにどんな情報を収集していたのかは極秘事項であり知ることは出来ない。しかし、パキスタン軍統合情報局（ＩＳＩ）がデービスとＣＩＡの関係を欧米メディアにリークしていたことから、デービスが所属するＣＩＡのチームがＩＳＩの利益とは反する活動に従事していたのではないかとの推測は十分成り立つだろう。少なくとも、ＣＩＡとＩＳＩが協力して行っている諜報活動ではなかった可能性が高い。

このレイモンド・デービス事件については、当時筆者も現地で取材をした。その時にＩＳＩの黒幕とも言える元ＩＳＩ長官のハミド・グル氏にインタビューをしたことがあるが、グル氏は、

「レイモンド・デービスはＣＩＡと契約していた民間警備会社の人間だ。奴がパキスタンで何をしていたかについて、オバマ大統領は嘘をついている。オバマ大統領は、デービスは外交官だと主張していたが、ＣＩＡと契約する民間業者に何で外交官特権が与えられるのだ？　レイモンド・デービスがパキスタン国内でやっていたのは、わが国の核施設に関

する情報を集めて、詳細なパキスタン核施設地図をつくることだった。もちろん彼はこれを完成することは出来なかったのだが、奴の所持品から、何をやっていたのかが分かっている。わが政府はあまりの弱腰のためにこの事実を明らかにすることなくデービスを釈放してしまったがね」

と苦々しく語っていた。結局、レイモンド・デービスが何をやっていたのかは分からないままだったが、CIAと契約する民間軍事会社ブラックウォーターの「契約スパイ」が密かに活動しているという事実だけで、パキスタンによる対米不信を増大させるには十分だった。当時パキスタンで取材した経験から、ブラックウォーターという一つの会社の存在が、これほど反米感情を強め、陰謀論を増幅させてしまうのか、と驚愕させられたのを今も鮮明に覚えている。

今となっては想像するのも難しいかもしれないが、CIAが血眼になってビン・ラディンの居場所を探し、あらゆる手段を用いてテロリストを排除しようと躍起になっていた対テロ戦争ピークの時代には、「戦闘モード」のCIAのパートナーとなっていたブラックウォーターも様々な秘密工作活動に関わっていたと考えて間違いないだろう。

TYCOON, CONTRACTOR, SOLDIER, SPY

Erik Prince, recently outed as a participant in a C.I.A. assassination program, has gained notoriety as head of the military-contracting juggernaut Blackwater, a company dogged by a grand-jury investigation, bribery accusations, and the voluntary-manslaughter trial of five ex-employees, set for next month. Lashing back at his critics, the wealthy former navy SEAL takes ADAM CIRALSKY inside his operation in the U.S. and Afghanistan, revealing the role he's been playing in America's war on terror

米『バニティ・フェア』誌（2010年1月号）に掲載されたブラックウォーター創業者で会長のエリック・プリンスのインタビュー

「何でもあり」の時代の便利なソリューション

ブラックウォーター（のちにXeサービスと改名）の創業者で会長でもあったエリック・プリンスが、同社の所有権を他社に売却し、長い沈黙を初めて破って米『バニティ・フェア』誌のロング・インタビューに答えたのは、二〇一〇年になってからのことだった。このインタビューでプリンスは、自身のCIAとの関係について話し、CIAとブラックウォーターの関係が単なるビジネス以上のものだったことを暴露した。

「私は、自分自身と私の会社を、CIAの非常にリスクの高い任務のために自由に使える存在にしたのだ」

プリンスはこのように語り、秘密工作、ダーティーワークを一手に引き受けることの出来る組織として、彼の会社をCIAに捧げたことを明らかにした。CIAがスパイを送り込むことが困難な国や地域に秘密工作員を潜入させ、アルカイダ・メンバーや他のテロリストを暗殺するヒットマン・チームを組織・編成し、その作戦計画、ロジスティックス支援、武器・資金調達から実施までを支援する……、それがプリンスの構想であった。

彼の旧特殊部隊とのコネクション、武器や航空機へのアクセスや不屈の野望は、対テロ戦争時代の米インテリジェンス・コミュニティが求めていた能力と見事にマッチしていた。プリンスはやがてCIAの本格的な「アセット」として活動するようになった。「アセット」とはいわゆるスパイのことを指す業界用語である。

CIAの国家資源部門が、「特殊な技能を持つ米国市民」やCIAが関心を持っているターゲットにアクセス可能な珍しい人物を集めた「秘密のネットワーク」に加わるようにプリンスを誘ったのは二〇〇四年だったという。CIAの「アセット」としてプリンスは相当に大きな獲物だっただろう。プリンスは、CIAの六十二年の歴史の中で、誰よりも多くの現金、輸送手段、物資、人員を自由に使うことが可能であった。

CIAのブラックウォーター社に対する信頼が高まるにつれ、同社が任される範囲も拡大していった。最初はＣＩＡの基地の常駐警備から移動中のスパイの身辺警護へと発展し、しかも自爆テロや待ち伏せ、路肩爆弾（ＩＥＤ）の脅威がひしめく危険地域での活動を共にすることで、両者の絆は深まっていったのだろう。こうして二〇〇五年にはブラックウォーターがＣＩＡの要員を警護することが当たり前になり、両者の一体化が進んでいった。

ＣＩＡテロリズム対策センター（ＣＴＣ）の作戦部長を務めたエンリケ・リック・プラドがＣＩＡを辞めてブラックウォーター社に入り、ＣＴＣの部長だったコファー・ブラック自身もブラックウォーター社に移っていった。さらにはＣＩＡの作戦部門全体の副部長を務めたロブ・リッチャーまで同社に加わったのである。これほど高位のＣＩＡの高官たちが次々に一つの会社に移っていった例も珍しい。

こうして一体化を進めたＣＩＡとブラックウォーター社が、水面下の対テロ戦争でどのような秘密工作活動を進めていたのか、その全体像は明らかになっていない。

９１１テロに端を発した対テロ戦争は、有事と平時の境をなくし、軍事と非軍事の境界も曖昧なものにし、それまでの軍や情報機関の活動範囲を超えた働きを必要とするようになった。それまでの規則やルールが通用しない、いわば「何でもあり」の時代の安全保障環境の中で、既存のルールや活動範囲に縛られないブラックウォーター社という存在は、

ＣＩＡや米国政府にとって極めて便利なソリューションだったのだろう。

イラクで民間軍事会社へのニーズが急増した背景

二〇〇四年三月三十一日、米国のイラク侵攻から一年以上が過ぎ、「イラク泥沼化」という言葉がメディアに登場し始めた頃のことだ。イラク中部の都市ファルージャで、食料と炊事設備を運ぶ車列が武装勢力の待ち伏せ攻撃に遭い、トラックを警護していた四人の米国人が殺害され、二人の焼死体が手足を切り離された上に曝《さら》し物にされるという痛ましい事件が発生した。遺体が無残にも痛めつけられる映像が全世界に報じられると、米国民の激しい怒りを背景に、米海兵隊は武装勢力に猛攻撃を加え、ファルージャにおける長い戦闘に突入した。

殺害された四人の米国人は、いずれも米国選り抜きの元特殊部隊のメンバーであり、三人は米海軍特殊部隊シールズ出身、一人は元陸軍のレンジャー部隊員だった。四人はいずれもブラックウォーター社で働く警護員だった。このファルージャでの事件は、米軍を助ける形で密かに活動していた民間軍事会社の存在に光を当て、この事件以降、イラクにおける彼らの動向に大きな関心が寄せられるようになった。

このファルージャの事件が起きてから二日後の四月二日、米民主党のアイク・スケルトン下院議員が、ドナルド・ラムズフェルド国防長官宛てに一通の書簡を出している。

「私は長官に対してイラクにおける民間軍事及び警備要員に関する正確な情報を提供していただきたくお願い申し上げます。とくに現在イラクでどの企業が活動をしており、各企業がいったい何人の人員をイラクで使っているのか、そして彼らがどのような具体的な役割を担っているのか、彼らがそのためにどのくらい報酬を得ているのか、そしてその費用はわれわれの予算のどこから支払われているのかを具体的に教えていただきたい」

スケルトン議員はこのように記し、国防長官に対してこの問題に関する情報開示を強く求めた。これに対してラムズフェルド長官は、「イラクではいくつかの民間警備会社（PSC）が、契約の下で政府の高官や訪問してくるゲストの要人の警護を請け負っています。彼らはまた、グリーン・ゾーン（首都バグダッドの米軍管理区域）内における非軍事施設の警備、それに非軍事物資の輸送車列の警護サービスも提供しています……。私の理解では、イラクで仕事をしているほとんどのPSCは、米政府と直接契約をしているわけではありません。彼らはたいてい米政府と主契約をしている民間企業の従業員たちを守るために、そうした民間企業と契約を結んで働いているのです。また多くのPSCが、イラク企業やビジネスの機会を求めている外国系企業に雇われています」と記した英文にしてわずか二十行ほどの返信を送った。

ラムズフェルド長官は、この書簡にイラクにおける「PSC」に関する簡単な資料を添付してスケルトン議員に送っており、この資料にはイラクで約六十社が活動していることや人員の数が約二万人であること等が記されていたが、同議員の質問の一部に対する回答しか含まれておらず、イラクにおける民間軍事会社の活動の全景からはほど遠い内容であった。

イラクでは、二〇〇三年三月二十日にブッシュ大統領が開始した「イラクの自由作戦」を経て、五月一日にはブッシュ大統領が「主要な戦闘の終結」を宣言した。米国は連合暫定施政当局（CPA）を置いて占領統治を展開し、米国の民間人ポール・ブレマーをCPAのトップに任命した。

ブレマー文民行政官が代表するCPAが、イラクの戦後復興や様々な再建事業全般を進めたが、イラクの治安は一貫して不安定なまま改善の兆しをみせず、二〇〇四年六月二十八日にイラク人に主権移譲をした後も、とりわけイスラム教スンニ派住民の多く住むイラク中部地域の「スンニ・トライアングル」における反米、反イラク政府武装勢力による自爆テロや待ち伏せによる誘拐・殺人等が続いた。

　このためイラクへの主権返還後も、治安任務については米軍が責任を持ち、米国による復興事業については米国務省が責任を負う体制が続けられた。この時期のイラクの特徴は、「治安回復」「政治プロセス」「経済復興」という三つの事業が同時並行で進められたことだった。通常であれば、敗戦国の軍隊や民兵の武装解除等が行われ、ある程度の治安の確保が達成された後に復興事業等が始まるのだが、イラクでは治安の確保がなされていない中で、つまり軍隊が軍事作戦を遂行している同じ空間で、軍隊以外の政府機関や民間企業、さらには非政府組織（NGO）が様々な復興活動に従事するという複雑な状況が生まれた。

　それにもかかわらず、政府機関や民間企業、さらにNGOの民間人たちを守ることはそもそも米軍の任務には含まれていなかった。米軍はフセイン政権の残党勢力や反米テロリストの掃討作戦に戦力を振り向けており、イラクで復興事業に携わる民間企業や文民政府の職員や施設を守ることに人員を割く余力はなかった。そこでこうした文民政府や民間企業は、自分たちで安全を確保するしかなかった。このセキュリティに対するニーズと、本来セキュリティを提供するはずの米軍のリソース不足からくる需給ギャップが、民間軍事会社にビジネスのチャンスを提供した。

なぜ戦後に治安が悪化したのか?

イラク戦争でなぜ「戦後」治安が悪化して米軍の兵力が足りなくなったのかを考えるうえで、この戦争がどのような経緯で開始され、米政府が戦後統治の初期の段階でどのような失敗をしたのかを考える必要がある。

当時のブッシュ政権がイラクのサダム・フセイン政権を脅威だと位置づけたのは、二〇〇一年九月十一日に起きた911同時多発テロの後である。911テロの首謀者は国際テロ組織アルカイダのオサマ・ビン・ラディンであり、当時ビン・ラディンがタリバン政権下のアフガニスタンに匿われていたことから、同テロ後に米国がアフガニスタンを攻撃したのは、国際的にも一定の理解を得られるものだった。

しかし、ブッシュ政権内には、元々イラクのフセイン政権を敵視し、アルカイダとイラクにつながりがあると疑うグループがいて、911直後からイラク攻撃を主張していた。結局、アルカイダとイラクのつながりは証明されなかったのだが、それでも彼らはフセイン政権が大量破壊兵器を密かに開発、実戦配備しており、米国を攻撃する可能性がある危険な脅威だとの主張を展開した。

米政府内では、911テロ後から一年ほど時間をかけて、イラクの脅威をめぐり、フセイン政権を打倒すべきと主張する副大統領室や国防総省と、戦争には消極的な国務省・CIAの間で激しい政策闘争が繰り広げられた。その挙句、ブッシュ大統領はイラクとの戦争を決意するに至った。

この政策決定過程や米政府内の凄まじい暗闘については拙著『戦争詐欺師』(講談社、二〇〇九年)に詳述したので参考にしていただきたいが、重要なのは、ブッシュ政権内にイラク戦争に反対する非常に強力な勢力がいたということである。さらに米国の同盟国の多くもイラク戦争には反対したため、米国はイラク攻撃を正当化するのに必要な国連決議を得ることも出来なかった。

当時ブッシュ政権で国務省政策企画室の室長を務めたリチャード・ハース氏は、イラク戦争を「選択の戦争」と呼んだ。これは自衛のために選択の余地なく行う「必要の戦争」に対して、自衛や国益を守るためにどうしても「必要」なわけではなく、時の政権が他の政策オプションがあったにもかかわらず、戦争というオプションをあえて「選択」したという意味である。あえて「選択」した政策オプションだったため、ブッシュ政権内の主戦派であった国防総省や副大統領室は、この戦争をなるべく低コストで済ませようと考えた。

なぜならそんなに多大なコストや犠牲があるのであれば、なぜわざわざその政策オプションを「選択」するのか、と反対勢力から責められる可能性があるからだ。

ラムズフェルド国防長官が、イラクに派遣する米軍兵力を極限まで抑えて戦争を安上がりにしようとした究極的な背景には、このイラク戦争が「選択の戦争」だったという事情がある。兵力を少なくしただけでなく、彼らは「フセイン政権打倒後も戦後統治はスムーズにいく、武装反乱やテロ等は起きない、すべてうまくいく」というバラ色のシナリオを振りまいて反対意見を抑え込んだ。

実際イラク戦争前、米国防総省は「復興作業は反米武装勢力やテロリスト等の脅威が少ない環境でなされる」と強く主張していた。米国防総省はフセイン政権打倒後のイラクでは、難民、疫病、油田や油井の放火による火災という三つの非常事態を想定し、それに適切に対処することが出来ればすぐに政治や経済の復興にスムーズに移行出来ると予想。それよりも困難なシナリオは考慮せず、戦後統治の計画等も「あえて」作成しなかった。

ところがその見通しは外れた。米国は軍隊だけでなく復興事業に携わる民間人をも狙う武装勢力との戦闘にエネルギーをとられ、それと同時にイラクの政治体制の再建、経済社会システムの復興という事業に何百億ドルものお金を費やさざるを得なくなった。

米軍がバグダッドを陥落させた直後は、政府当局も復興事業者も治安に対して深刻な懸念は持っていなかった。その証拠に、復興事業を請け負う企業は、プロジェクトを計画する段階で、米政府当局から治安上の諸注意を受けることはほとんどなかったという。つまり、「武装勢力による妨害活動のリスクを考慮するように」といった指導はまったくなかったのである。

例えば、米陸軍工兵部隊と契約していたある請負業者は、契約時には治安対策は米軍が提供してくれるものだと考えていたが、米軍による警備は実に手薄なもので、作業員たちの安全確保には不十分なレベルだった。しかも二〇〇三年六月になるとその程度の警備でさえも「これ以上は出来ない」と突然通告され、米軍はいなくなってしまったという。その頃には治安の悪化が深刻になり、米軍は武装勢力掃討という任務に本格的に投入されていき、復興事業請負業者の警護までやる余裕は皆無となってしまった。

そこでこのような復興事業に携わる政府機関や民間企業は、急遽、民間市場で「セキュリティ」をお金で買う必要に迫られ、こうした背景を受けて、民間軍事会社に膨大なビジネスの機会が生まれたのである。

ブッシュ政権は、「イラクに民主主義を導入する」という大義を掲げてイラク戦争に邁進したが、この戦争目的も大きな問題だった。米国はイラク戦争によって、当時のサダム・フセイン政権を軍事的に倒したのだが、一人の独裁者の権力を奪うだけでなく、イラクを民主主義の国に変えるという目的を掲げてしまったため、イラクという国家の支配構造そのものを根底から覆すことになってしまったのだ。

非常に単純化して言うと、フセイン政権時代のイラクでは、イスラム教のスンニ派と呼ばれる宗派が支配階層におり、シーア派とクルド人の上に君臨する構造が存在した。人口比で言えば全体の二十％しかいない少数派のスンニ派が、六十％で多数派を占めるシーア派と、二十％のクルド人を支配する構図になっていた。

米国は、少数派のスンニ派による支配体制を終わらせ、多数派のシーア派が政権を担うのを当然のことと考えた。フセイン政権を崩壊させた後、米国はすぐにイラクの新政府をつくらず、米国による占領統治を行ったが、その初期の段階で、致命的な失敗を少なくとも二つ犯している。

一つは、当時五十万人と言われたイラクの陸軍、空軍、海軍、共和国防衛隊等の軍人たちを武装解除もせずに解雇したことだ。フセイン政権は主に北西部のスンニ派をイラク軍のエリート部隊である共和国防衛隊隊員だけでなく、正規軍の将校、保安・諜報機関員として登用した。彼らの多くは米軍との戦いを避け、戦後新生イラク政府の下で再び軍人として仕えることを望んでいたのだが、その望みは絶たれ、家族を養う糧を奪われた。

もう一つの壊滅的な失政は、旧フセイン政権を支えたバース党の指導者たちを権力の座から取り除き、権力構造を解体することを狙った「非バース党化命令」を出したことである。バース党員にはシーア派も含まれたが、熱狂的なバース党員の多くはスンニ派であり、党内の支配的地位はすべてスンニ派で占められた。当時のバース党員二百万人の中には、官公庁の中堅職員や学校の教師、大学の教授や医師等も含まれていたが、「非バース党化命令」により彼らが一斉に解雇通告を受けた。つまり、国軍やバース党の大多数を占めていたスンニ派市民を戦後イラクの新しい社会から排除してしまったのである。

当時イラクで駐イラク米軍司令官の地位にあったリカルド・サンチェス中将も、「非バース党化命令のインパクトは破滅的だった」と述べ、「現実問題、この命令によりイラクという国の政府全体、全ての行政能力が取り除かれた」と証言していた。

要するに、フセイン政権時代に支配的な地位にいたスンニ派住民が、非支配的な地位に追い落とされただけでなく、彼らは生きていくための最低限の収入源をも奪われてしまったのである。

米国による占領統治が終わり、選挙によって「民主主義体制」が誕生したが、当然多数派のシーア派が政権を担うことになり、少数派スンニ派の利益は反映されない政権となった。落胆したスンニ派の旧軍人たちが、米軍や新しい政治プロセスに反対し、武装反乱を開始したのはこうした背景からだった。新しい政治システムから排除されたスンニ派住民も、新政権に対する不満から、過激派による武装反乱を支援し、イラクは泥沼の内戦へと陥っていったのである。

イラクの混乱が生んだカスターバトルズ社の成長と破綻

このような背景からイラクでは主要な戦闘終了の宣言がなされた二〇〇三年五月以降、一貫して治安は悪化していったが、ブッシュ大統領が「主要な戦闘は終了した」と宣言してしまったことから、「戦後復興」が始まり文民政府の職員や民間企業、NGOの民間人たちが大挙してイラクになだれ込むことになった。

こうした西側諸国のほぼすべての企業や団体が、民間軍事会社による警備、警護のサービスを必要としたことから、当然ながら深刻な供給不足に陥った。しかも多くの民間企業や団体が、この民間軍事業界にどのような企業があり、どのような基準でサービスを選んでよいかといった情報を持っていなかった。

そして何よりも問題だったのは、戦後初期の混乱期には、「復興ビジネスを通じて一花咲かせよう」とイラク入りするビジネスマンや元軍人たちが、「セキュリティ」に金儲けのチャンスを見出して、急遽、民間軍事会社を設立してこの市場に新規参入する動きが活発になったことである。

米国のカスターバトルズ社は、イラク戦争を契機に誕生した民間軍事会社の典型例である。「カスターバトルズ」という社名は、スコット・カスターとマイケル・バトルズという二人の米国人の名前に由来する。米レンジャー部隊の出身者だった二人は、二〇〇二年末に長年の夢だった小さな民間軍事会社を設立した。

ニュービジネスに燃える二人にとって恐怖と混乱に陥ったイラクは、途方もなく魅力的でビジネス・チャンスに溢れる国と映ったようだ。同社はイラクでのビジネス獲得に向けて友人たちから日本円に換算してわずか百万円ほどの出資を得て、マイケル・バトルズが戦後混乱期のバグダッドへわずか五万円程度の現金を手に渡航。

バトルズはそこで偶然、「近々バグダッド国際空港の警備に関する入札が実施される」との噂を耳にし、友人の伝手を通じて何とか入札に参加した。従業員わずか四人のこの小さな会社が、大手の民間軍事会社を押しのけて十六億円相当の契約を獲得したとの発表がなされたのは、二〇〇三年七月のことだった。

同社がこの業界でまったく経験がなかったことが、「勝利」をもたらした。ほとんどの大手企業が、百三十八人の警備要員を空港に配置するのに約八週間は必要だという計画を提出していたのに対し、カスターバトルズ社は、無謀とも言える最短の二週間という数字を出していたからである。とにかくスピードが何よりも優先されたこの戦後混乱期、同社の提案はすぐさま当局の目に留まり、このプロジェクトの受注につながった。

予想外のビッグ・ビジネスを受注してしまったカスターバトルズ社は、口コミで人を集め、ネパールのグルカ兵やフィリピンからも人を急募して期限の二日前にはバグダッド国際空港に警備員を配置したという。

この「実績」を買われたカスターバトルズ社は、続いて二〇〇三年九月には、米政府が計画していたイラク通貨の新通貨との交換のために、イラク北部、中部、南部に三カ所の物流センターを設立する契約も獲得した。さらに十一月になると、米陸軍工兵隊経由で、「イラク中部の送電線修復事業を請け負っている米建設大手ワシントン・グループ社が、七百人の警備要員を必要としている」との話が舞い込んできた。三カ月で約十四億円というこの契約で、カスターバトルズ社は、主にイラクのクルド人たちを安く雇って対応した。

こうしてイラクでビッグ・プロジェクトを次々に獲得して急成長したカスターバトルズ社は、戦場ビジネス以外にも手を広げ、カタールではエビの養殖業に乗り出し、東欧では住宅ローン専門の消費者金融ビジネスにも参入する等急速に事業を拡大させた。

そして一年後には全世界で従業員一万五千人を抱える大企業に成長し、その急成長ぶりは『ウォールストリート・ジャーナル』紙の一面で取り上げられるほどになった。

しかし確固とした基盤のないままに急拡大をしたカスターバトルズ社は、すぐに様々な問題に直面することになる。まず、イラク新旧通貨交換のためのロジスティックス支援事業において、同社が大幅な水増し請求をしていたことが発覚。また別の契約でも過剰な水増し請求をしたという社員の内部告発等があり、同社のビジネス手法に対する批判が強まっただけでなく、バグダッド国際空港警備を含めて、それまで同社がイラク政府と交わした契約について当局による徹底的な調査のメスが入った。

また二〇〇五年二月になると、元社員が米NBCテレビの番組に出演し、「カスターバトルズ社のクルド人警備員たちがイラク国民を無差別に殺害している」として同社を激しく糾弾した。それによると、米陸軍や海兵隊のOB四人が、同社に雇われてイラク軍向けの弾薬や武器の輸送車列の警護に参加したところ、同社の警備の中核をなしていたクルド人の若者たちが、車列に近づく市民たちを無差別に射殺する等、「見るに堪えなかった」として同社との契約を破棄して米国に帰国し、メディアを通じて同社を告発したのである。このスキャンダルが発覚すると、米政府はカスターバトルズ社との取引を一切禁止にした。

業界内では以前から同社の待遇が酷いことで悪評が立っていたが、戦後初期の頃は、同社のような「ぽっと出」の一発屋ＰＭＣが数多く現れ、混乱の最中に大きな契約を獲得してしまうようなことが起きていた。こうした「ぽっと出」の民間軍事会社が、業界ではすでに名の知られた大手の会社から見れば、信じられないようなレベルの低い者やモラルの低い者たちに武器を与えて警備をさせるお粗末なサービスを提供していた。

当然このような民間軍事会社の存在は、占領統治全体にも悪影響を与え、イラク国民の占領軍に対する反感を増大させることにつながった。戦後初期の混乱期には、このように民間軍事会社を雇う側の政府や企業等も、ＰＭＣに関する情報やノウハウが乏しかったため、実績もなくいかがわしい会社を雇ってしまうことが多々あったのである。

二〇〇六年三月、イラク復興事業に関連した米企業の不正行為を裁く初めての裁判が開かれた。連邦陪審は、「カスターバトルズ社がイラク戦争後の混沌とした状況に乗じて、請け負った復興事業の請求を大幅に水増しした」として詐欺罪にあたるとの裁定を下した。この公判は、同社が戦後初期にCPAと締結した三百万ドルの契約についてのものだった。三週間の公判の後、陪審は三百万ドル全額がカスターバトルズ社に騙し取られたと結論づけた。

カスターバトルズ社の弁護団は、「これは詐欺ではなく、イラク戦争後の混沌とした状況下で、経験のない占領当局との間で取り交わされた契約に関する混乱と誤解が原因だ」と主張し、「カスターバトルズ社の経験は、イラクにおける成功にとって決定的に重要な意味を持っていた」と主張した。しかし裁判では「これでもか」と同社のいかさまビジネスの実態が明らかにされていった。

その具体的な手口はこうだ。同社はケイマン諸島に「セキュア・グローバル・ディストリビューション社」と「ミドル・イースト・リーシング社」というダミー会社を設立。両社の持株会社として同じくケイマン諸島にもう一つ「MTホールディング社」も登記。これらのダミー会社を使った詐欺のパターンとして、まずセキュア・グローバル・ディストリビューション社からカスターバトルズ社にトラックやバス、フォークリフトのリース料の請求書が発行される。この請求書によるとカスターバトルズ社はセキュア・グローバルに対して一台の五トントラックの一カ月のリース料金として一万二千五百ドルを支払ったことにする。実際にカスターバトルズ社は五千ドルで別の会社からリースしていたのだが、セキュア・グローバル社というダミー会社による架空の請求を行うことで経費を水増ししていたのである。

また、バグダッド国際空港警備の契約では、同社は国営イラク航空がほったらかしにしていたフォークリフトをタダで盗んできてペンキで上塗りをして航空会社のロゴを消し、偽造の請求書を使ってCPAから数千ドルを騙し取っていた。

さらに別の契約では、カスターバトルズ社が米軍向けにトラックを数十台納入することになっていたが、同社が納入したトラックのほとんどが動かないポンコツだったという。この契約を知る米軍関係者は、「こんなひどい業者は見たことがない」と吐き捨てるように語ったが、カスターバトルズ社の言い分は、「契約には『動くトラック』とは書かれていなかった」だったという。

こうしたカスターバトルズ社の不正行為は、ブッシュ政権の初期のイラク政策の混乱ぶりを象徴するような出来事だったと見ることも可能だろう。

民兵の攻撃からCPAを守り切ったトリプル・カノピー社

カスターバトルズ社と同様にイラク戦争で生まれたPMCの一つにトリプル・カノピー社がある。この米国の会社が二〇〇四年初頭に、イラク全土にある十三カ所のCPAの施設を警備するという六カ月間で日本円にして九十億円以上にのぼる大型契約を獲得したとき、同社はまだ実態のない名ばかりの存在だった。このあたりの経緯はカスターバトルズ社と似ている。

元米陸軍特殊部隊のマット・マンは当時四十代後半。特殊部隊時代の旧友トム・カティスとはいつも夢のような話をしていたという。「われわれが特殊部隊で培った能力を活かして、対テロ訓練ビジネスでも出来ないだろうか」と。

二〇〇三年四月に二人はトリプル・カノピー社を設立したが、当初は契約はなく、ひたすらビジネスのチャンスを狙って情報収集に明け暮れていた。そんな矢先に「CPA警備の入札が行われる」との情報を耳にした二人は、家族や友人から借金をして、かつての軍時代の同僚たちを雇い始めた。

決して数は多くなかったものの、彼らの提出した書類に記載されたメンバーの経歴は、入札を告知したCPA担当者に強い印象を与えた。マンは陸軍でもっとも秘密のベールに包まれた対テロ専門部隊デルタフォースに六年間在籍し、このデルタ時代の元同僚たちをメンバーとしてリクルートしていたのだった。

あらゆる種類の戦闘を経験し、秘密の特殊作戦に従事したかつてのデルタ隊員たちにとって、テロや殺人・誘拐の危険に満ちたイラクにおける警備ビジネスは、よほど血沸き肉躍る魅力的な仕事に見えたのだろうか。トリプル・カノピー社の誘いに応じて同社と契約する元隊員たちは後を絶たなかったという。

インターネットで防護車両を購入し、米軍とのコネを利用して旧フセイン軍から没収した自動小銃AK47軍用ライフルで武装した「ぽっと出」PMCのトリプル・カノピー社は、一年後にはあれよあれよという間に、イラクで千人の武装警備員を動かす大企業にのし上がっていた。千人のうち二百人は米国人、残りはチリとフィジーの元軍人たちだった。

同社はCPAの警備の他にも、大規模な米軍基地の警備、旧イラク軍から没収した武器や弾薬庫の警備等、米軍との密接な関係を通じて極めて軍事的にも重要な施設の警備を任されるようになったが、イラクでのビジネスは決して楽なものではなかった。

トリプル・カノピー社がイラク市場に参入してわずか数週間後の二〇〇四年四月、同社は南部の町クートにおいて、イスラム教シーア派の過激な指導者ムクタダ・サドル師の民兵マフディー軍の挑戦を受けることになった。

この頃までにイラクの治安は相当深刻なレベルにまで悪化しており、前述したブラックウォーター社の社員がファルージャで惨殺され、米軍とスンニ派武装勢力の戦闘が激化していたが、このファルージャでの戦闘と連動するように南部地域ではマフディー軍が米軍やCPAに対する軍事行動を開始していた。

当時クートにあるCPA本部の警備にあたっていたトリプル・カノピー社は、こうした流れの中で、マフディー軍の激しい攻撃に晒されることになった。当時このクートCPA本部の警備責任者を務めていたのは、トリプル・カノピー社の通称「ジョン」と呼ばれる元デルタフォース隊員だった。ジョンは米陸軍に二十六年間在籍し、その多くを対テロ専門部隊であるデルタフォースで過ごした猛者だった。

最初の危険な兆候は、いくつかのグループを形成する総勢数千人に上る群衆がCPA本部の周囲に集まり、クートから出ていくように要求し始めたことだった。群衆の中にはライフル銃や携行型の対戦車ミサイル等を持っていた者がいたため、ジョンは、「このデモはわれわれを取り囲み攻撃を仕掛けるための策略だ」とすぐに危険を察知。しばらくすると、西側連合軍が訓練したイラク人警察が、町中の派出所や検問所から逃げ去り、彼らの武器や弾薬や制服までがマフディー軍の手に落ちたとの情報がもたらされた。

ジョンの指揮下にいる核となるチームはたった三人の武装したトリプル・カノピー社の警備員だけであった。本部には四十人のウクライナ軍人も駐留していた。トリプル・カノピー社が雇っていたイラク人の警備員たちは、ほとんどがすでにその場から逃げ出していた。

ジョンは警戒態勢をとり、文民職員には防弾ベストを着用させ、囲いの塀を突破された時のために、防御の最終ラインであるホテルの中央地点まで移動する準備をさせた。「自動車爆弾を突っ込ませるぞ」という脅しが聞こえ、夜中には二台の車がゲート付近に停められた。そして翌朝には、マフディー軍による一斉攻撃が始まり、本部の周囲は破壊され、銃弾や手榴弾がCPA本部の建物に届くようになった。敵は次第に距離を詰め、攻撃は四方八方からきた。迫撃砲が敷地内で破裂し、窓ガラスは砕け、建物の壁が大きな塊になって崩れ出したという。

この間、CPA本部防衛の事実上の指揮官はジョンだった。ホテルの屋根に上り、ジョンはマフディー軍に対する反撃を指揮。三人のトリプル・カノピー社の警備員はそれぞれ別の建物の屋根に上がり、ジョンと共に応戦した。逃げずに残った二人のイラク人スタッフにも自動小銃を渡し、数時間にわたって激しく応戦したウクライナ軍の弾薬が尽きかけていたため、ジョンはすぐにトリプル・カノピー社の弾薬で補給するよう指示を出した。

さらに四人目の同社の元軍人、といっても彼は軍用犬の訓練士で戦闘経験はまったくなかったため、彼を後方支援係として使い、トリプル・カノピー社の警備員の間を、銃弾と水の補給のために走り回らせた。この日の戦闘で実に二千五百発の弾丸を消費したという。

ジョンは三つの無線機と衛星電話を曲芸師のように使いながら方々に救援を要請し、米軍に対しても、二百人から四百人はいると思われたマフディー軍の軍勢を蹴散らすために航空支援を要請した。

しかし救援の来ないまま戦闘は夜間にもおよんだ。夜の十時、トリプル・カノピー社本部から「空輸による退避計画を立てている」との連絡が入ったが、その二時間後には、「ヘリが撃墜される危険性が高いという理由から空輸退避計画がキャンセルになった」との悲しい知らせが届いた。そして夜中の一時になってやっと、機関砲を乱れ撃ちにしながら米軍の攻撃ヘリが救援に来た。この凄まじい攻撃でマフディー軍はぴたりとおとなしくなったが、ホテルにも何発も砲弾が炸裂したという。

米軍ヘリは上空から砲撃を続け、敵はそのたびに安全な場所に避難する。そして夜明け近くになって、ジョン率いるトリプル・カノピー社の警備員とウクライナ軍は、CPAバグダッド本部の「何でもいいから全員そこから逃げ出せ！」という命令を実行に移した。彼らは、防弾装備を施した車両と荷台だけのトラックに分乗して無我夢中でアクセルを踏んだ。「どこの角をどう曲がったかなんて全然覚えていない」とジョンは当時を思い出して言う。そして彼らは文字通り、命からがら近くの連合軍の基地に飛び込んだのだという。

こうしてトリプル・カノピー社のジョン指揮の下で、クートのCPA本部にいた民間人と軍人たちは、奇跡的に深刻な怪我もなく全員生き残ったのだった。

トリプル・カノピー社のチームは、二〇〇四年はじめから八月までの短い期間に、四十回も敵の攻撃に遭遇したことを明らかにした。これは同社の社員が反撃をした大規模な攻撃だけの数であり、ヒット・アンド・アウェイ的な小規模な攻撃を含めれば軽く百を超えてしまうということだった。

同じ「ぽっと出」のPMCでも、トリプル・カノピー社はカスターバトルズ社と違い、この業界では質の高いサービスを提供する企業としての名声を獲得し、成功を収めた。イラクではその後も数年間にわたって米国防総省や国務省から毎年三億五千万ドル相当の契約を獲得し続けた。

トリプル・カノピー社の成功の秘訣は、おそらく社員を米陸軍のエリート部隊デルタフォース出身者から集め、人員及びオペレーションの質の高さを維持することに努めたことであろう。同社はイラクに警備員を送る前に、いかにエリート部隊を出た元特殊部隊員であろうと、必ず三週間の訓練を受けさせていた。そこでは技術的な射撃訓練から性格診断の心理テストまで幅広い試験や訓練を行い、それに合格したものでなければ武器を与えてイラクに送ることは許さなかったという。

二〇〇五年から二〇〇六年にかけて、同社はいくつもの改革を行い、経営陣を変更しただけでなく、「戦略諮問委員会」を設立して、現存する従業員向けの訓練センターを拡大することも決定。米国の州の法執行機関等の間で特殊訓練に対する需要が増大していることを受けたもので、西ヴァージニア州にある訓練場を拡大して、外部の特に警察官向けの訓練を充実させた。

トリプル・カノピー社はまた、一般企業に対するリスク管理等、商業用のサービスも拡大させた。同社はイラク戦争を契機に誕生した会社だけに、米軍や米政府との緊密な関係から、主に政府向けの業務を提供しており、民間企業向けの業務は全体の五％に満たなかった。このため二〇〇八年までに民間向けを三十％まで増やし、事業の多角化をはかる戦略を採用した。同社は、質の高い人材の確保やサービスの質の向上、そして多様なクライアントの基盤を作ることで、イラク戦争による「PMCバブル」の後まで生き残った数少ないPMCの一つとなった。

米海兵隊員を救ったブラックウォーター社

トリプル・カノピー社がクートのCPA本部でマフディー軍の攻撃を受けていたのとちょうど同じ頃、イラクのあちらこちらでPMCが直接戦闘に巻き込まれる事件が相次いでいた。前述したブラックウォーター社の社員四人がファルージャで襲撃に遭い、惨殺されたのもまさにこの時期だった。

民間軍事会社と正規の国軍との間には、通常明確な役割分担がある。PMCは防衛（ディフェンス）を、正規軍は攻撃（オフェンス）を担うという分担であり、それゆえ最前線での戦闘は正規軍が担うものとされてきた。

しかしイラクの武装勢力側からみれば、相手がPMCであろうと米軍であろうと同じ敵であり、彼らがターゲットを連合軍の支援物資輸送ラインやCPAの施設等のいわゆる「ソフトターゲット」へとシフトさせていくにつれて、そうした施設の警備にあたっていたＰＭＣの武装警備員たちが直接的な攻撃に晒され、実際の戦闘に巻き込まれるケースが増えていった。

二〇〇四年四月四日の日曜日のこと。イラク南部の町ナジャフにある米政府施設が、数百人と見積もられる民兵集団マフディー軍に襲われる事件が発生した。米政府との契約の下、この施設の警備を請け負っていたのはブラックウォーター社だった。このとき同施設には、八人のブラックウォーター社員が警備にあたっており、米海兵隊員も四人いたという。マフディー軍が攻撃をしてきたとき、米軍に救援を要請する時間的余裕などなく、とにかく自力で対処するほかなかった。民兵集団からの攻撃は激しさを増し、ＲＰＧ対戦車用ロケット弾やＡＫ47軍用ライフルによる凄まじい攻撃を受けて、四人の米海兵隊員は皆負傷してしまった。

そこでブラックウォーター社は自社のヘリコプターを二機派遣するよう要請し、このブラックウォーターのヘリ部隊が必要な弾薬を補給し、さらには負傷した米兵を救出した。結局ずいぶん後になって米軍が救援に駆け付けるまで、ブラックウォーター社の社員八人だけで数百人の民兵の攻撃に耐え続けた。

このようにＰＭＣの武装警備員たちは、正規軍の兵士たちと同じような危険に晒されるようになり、多くの専門家たちがＰＭＣに対する懸念を表明するようになった。彼らが指摘したのは、ＰＭＣの武装警備員たちが戦闘に巻き込まれると、彼らの法的地位が曖昧になる、という点だった。

米政府は自衛のために武器の携帯を許可しているものの、ＰＭＣの武装警備員たちが戦闘に加わることを望んでいるわけではない。ＰＭＣの民間契約者は、戦時国際法として戦争時の捕虜に対する扱いを定めたジュネーブ条約では、「非戦闘員」の分類に含まれると解釈されている。

ジュネーブ条約は、戦争時の最低限の取り決めとして、「非戦闘員」である民間人や非武装の文官に対しては、虐殺をしない等の人道上の配慮をするよう定めている。また制服を着た軍人である「戦闘員」に対しても、捕虜にした際には人道上配慮した取り扱いを義務付けている。

しかし「武装した民間人」「軍服を着用していない戦闘員」であるＰＭＣの契約者たちは、そもそもこの伝統的な分類の外に置かれてしまう可能性がある。つまり武器を持って戦ってしまうと、彼らはジュネーブ条約という重要な戦時国際法の定義に該当しない存在となってしまうおそれがあるのだ。

米軍の公式見解は、民間人が生来の権利として持っている「自衛権」を行使している場合には、「戦闘員」とは認められず、したがって犯罪者として裁かれることもないが、民間人が自衛権行使の正当性もなく、また国家の許可なしに殺傷力のある武器を用いた場合には、訴追の対象となる犯罪者と見なされる、というものである。

ブラックウォーター社の事件を受けて、イラクにある米軍基地で新生イラク軍の訓練を監督する立場にある知り合いの米軍関係者が、「個人の意見」として筆者にメールを送ってきた。少し長いが以下に引用したい。

「私は数多くの戦闘地域でPMCの活動を見てきたが、多くの場合、彼らはセキュリティのプロフェッショナルであり、非常に有能である。軍隊に蔓延している官僚主義や政治の影響があるため、正規軍はしばしば本来やらなければならないことを出来ずにいる。

私は先週、指揮官が許可を出さなかったがゆえに兵士たちが命を落とすのを目の当たりにした。反対に指揮官が許可を出さなかったにもかかわらず、PMCが助けに入ってくれたので兵士たちが命拾いをしたこともある。

ナジャフにおいてブラックウォーター社の社員たちが警備していた建物を守り、戦闘が激しくなり負傷者が発生したにもかかわらず、米軍の指揮官は救援を出すことを拒んだ。

その代わりにブラックウォーター社がヘリを出したのだ。米軍の指導部が自分たちの仲間が困っているときに必要な支援を怠り、元軍人たちの民間軍事会社が米軍の軍人の命を助けたなんて、なんとも悲しい日である。

これ以外にも、私はここイラクで何度もPMCから信頼出来るインテリジェンスを受け取って彼らに助けられたことがある。ちょうど二日前のことだ。われわれの護送車列が待ち伏せに遭ったのだが何の被害もなかった。PMCから受け取ったインテリジェンスのお蔭で事前に待ち伏せに対する準備が出来ていたからである。

しばしばPMCの行動がディフェンシブなのかオフェンシブなのかという議論を耳にする。PMCはディフェンシブな行動のみ許されており、オフェンシブな行動は許されていないと言われている。私は十一年間も軍隊で働いてきて、PMCがオフェンシブな行動、直接的な攻撃行動をとるところを見たためしがない。ナジャフにおけるブラックウォーター社について見てみよう。このPMCの社員たちの業務は、この施設の安全を守ることであり、その施設が攻撃に晒されたので抵抗し、攻撃者を撃退した。これは定義によればディフェンシブな行動である。

PMCに規制が必要なことに疑いはないが、彼らには明確な行動基準があることを知らなければならない。大多数のＰＭＣの武装警備員は、平均的な兵士よりはるかに進んだ技能やノウハウを持っている。彼らは今日の戦闘現場に必要な存在であり、一米軍人として彼らがここにいてくれることに感謝している」

この米軍人にとって、「戦闘員か非戦闘員か」という議論はナンセンスであり、銃を持ち、ときには自衛のためにそれを行使するからといって「戦闘員」にはあたらないのだという主張である。

徐々に整備されていく米軍とPMCの調整機構

トリプル・カノピー社やブラックウォーター社が戦闘に巻き込まれた一連の事件から明らかになったのは、「ＰＭＣの武装警備員たちも正規軍の兵士たちと同じような危険に晒されるようになったにもかかわらず、彼らは正規軍のように緊急時の支援や救援を受けられるわけではなく、兵士たちよりも一層危険な状況に置かれている」という事実だった。

こうした被害や危険の増大を受けて、大手の民間軍事会社各社は、敵の動向に関するインテリジェンスや、攻撃を受けた際の救援面で協力する仕組みの構築に動き出した。ＰＭＣ同士が協力関係を強め、情報を共有して、それぞれの企業の救援チームを互いの緊急時には相互に派遣し合って協力する態勢をつくり始めたのだ。

具体的には、企業同士が各企業の作戦支援センターの電話番号だけではなく、脅威に関する情報も共有して、危機の際には互いに救助を提供し合う体制をつくろうと考えたのである。このような動きを受けて米軍は、PMCが戦闘に巻き込まれる事態を防ぐことに主眼を置いて、米軍とPMCの調整システムの構築に乗り出した。具体的には、米軍とPMCの調整機構として二〇〇四年十月に「復興運営センター（ROC）」をスタート。PMCは会員としてROCに登録する。米軍はROCに日々の治安に関するインテリジェンスを提供し、会員であるPMCと脅威情報について共有するというものだ。

ROCはまた、PMCが待ち伏せ攻撃等に遭って軍の助けが必要な時に、軍の緊急対応部隊や医療部隊の派遣を要請する緊急連絡調整の役割を果たし、さらにはPMCに対して管轄地域の軍当局の連絡先を伝え、一方の軍側にはPMCが管轄地域に入ることを事前に通告する機能も代行した。

ROCに加盟しているPMCの車両にはGPSの受信機と無線機が搭載され、各車両の動きはROCの地域事務所がGPSを通じてトラッキング出来るようになり、緊急時の連絡中継所、緊急対応センターとして機能するようになった。つまりROCは、PMC向けの「一一〇番通報」のコールセンターの役割を果たすようになったのである。

PMCの各車両の位置はROCがGPSでトラッキングし、常時モニター出来るようになった。PMCは襲撃を受ける等米軍の支援が必要な時には、車両に搭載されているパニックボタンというSOSのボタンを押せば、ROCと交信することが出来、助けを呼ぶことが出来る。ROCはすぐに米軍に支援を要請して現場に急行してもらうという仕組みである。

これは現場のニーズから生まれた極めて画期的なシステムだった。初期の混乱期には、米軍が自分たちの管轄地域にどのPMCが活動しているか理解しておらず、軍とPMCが撃ち合ってしまう事態も発生したが、そうした事故も防ぐことが出来るようになった。敵の襲撃の際には米軍の救援が受けられるという保証があれば、PMCも過剰な武装をする必要がなくなる。

イラクでは、二〇〇四年六月に暫定政府、二〇〇五年四月には移行政府を経て、二〇〇六年五月に正式政府が発足するというように、徐々に政治プロセスが進むのに合わせてイラク内務省が民間軍事会社の取り締りを強めていくようになった。外国のPMCは民間警備会社（PSC）としてイラク内務省に登録し、武器も車両もすべて政府に登録され、警備要員の滞在許可書（ビザ）の発給も厳しく制限されるようになった。

ＰＳＣの車両には会社の登録番号が大きく記されたステッカーを貼ることが義務化されたため、どの車両がどの会社のものか、一目で認識することが可能になった。

イラクに正式政府が発足して新政府の統治能力が増していくということは、当然、イラクの法律を政府が執行出来るようになり、政府が自分たちのルールを守らせ、秩序を維持することが出来るようになることを意味する。そうなれば「民間軍事会社」は必要なくなり、「民間警備会社」が法律の許す範囲内での警備業務を提供する平時のビジネスに戻っていく。

二〇〇六年五月の正式政府発足時点では、まだイラク政府が治安を独力で維持出来る状況にはなっておらず、引き続き米軍と反政府武装勢力との激しい戦いが続けられていた。しかし、それでも二〇〇四年当時と比べれば、制度やルールがある程度整備されるようになり、ほとんどのＰＭＣが米軍の構築したＲＯＣのシステムに組み込まれ、イラク内務省に登録し、イラクにおける民間軍事業界も一定の秩序の下で統制されるようになっていた。イラク民兵の襲撃を受けたＰＭＣが何時間も戦闘をするような事件は、この頃には極端に少なくなっていた。

しかしこのROCに加わらず、例外的に二〇〇四年時のように「暴れ回っている」会社が存在した。ブラックウォーター社である。

「何でもあり」の対テロ戦争時代の終焉

二〇〇七年九月十六日、イラクの民間軍事業界の行方を左右する大事件が発生した。

その日の正午前、バグダッド西部のニソール広場の北西二キロほどのところにある建物で、米国大使館の職員が、米国際開発局（USAID）の職員たちと会議を行っていた。「世界規模の身辺警護サービス契約」に基づいて、イラク全土で米国大使館員の身辺警護を請け負っていたのは、ブラックウォーター社であった。この日も同社の警護小隊（PSD）が米大使館の職員たちを重武装で警護していた。

会議中、建物の近くの路上で爆発が起きた。米国人たちに被害は一切なく、会議の行われていた場所は警備がしっかりとした施設だったにもかかわらず、ブラックウォーターの警護小隊長は、そこから退避してグリーン・ゾーン内の米国大使館に戻るべきだと主張。大使館員たちは急遽、ブラックウォーターの警護小隊のエスコートでグリーン・ゾーンまで戻ることになった。

通常、イラクのように治安の悪い国では、大使館員を乗せる警護車の前に、警護小隊の先遣車両が先発して、待ち伏せがないかどうか、路肩爆弾（ＩＥＤ）がないか等を確認する偵察任務にあたる。またルート上に交通量の多い交差点等がある場合、先遣部隊が交通を一時遮断して、大使館員を乗せた警護車両が停車することなく交差点を通過出来るように警戒態勢を整える。

この日も先遣部隊が交通量の多いニソール広場に先に到着し、交通を一時遮断して、大使館員を乗せた警護車列がスムーズに交差点を通過出来るような準備を整えていた。イラクの交通警察官たちも、道路の封鎖に協力した。が、そこは非常に交通量の多い混雑した広場である。警察の「止まれ」の指示を理解していなかったのか、一台の車両が交差点に接近した。

非常にゆっくりとした動きで、本当に差し迫った脅威だったのかどうかは不明だが、ブラックウォーター社の武装警護員の一人が車の運転手に向けて発砲を始め、これに反応する形で五人の警護員たちが一斉に発砲。特に一人の警護員が周囲に乱射をしたため、同僚が何度となく「撃ち方やめ」と怒鳴り声をあげてやめさせたものの、車の運転手と同乗していた彼の母親だけでなく、周辺にいた市民を含めて十七人が殺害される大惨事に発展した。

当初ブラックウォーター社の武装警護員たちは、「発砲を受けた」と主張したが、その後の調査で、待ち伏せ攻撃を受けたという事実はなかったことが判明した。

このブラックウォーター社の蛮行に対し、イラク国民と政府は激怒して同社を非難した。数日後、マリキ首相（当時）は記者会見で「ブラックウォーター社の警備会社としての資格を剝奪する」と宣言し、米大使館に対して同社との契約を破棄するように訴えた。「この行動は犯罪であり、われわれイラク人すべてが憤慨している。この会社はイラクでの活動を凍結しなければならない。米国大使館も別の会社に切り替えるべきだ。われわれはこうした犯罪の責任を同社にとってもらう。われわれは、人の命を弄ぶ血も涙もない同社にイラク国民が殺されることを、これ以上許すわけにはいかない」

マリキ首相はこのように述べて、ブラックウォーター社に対する怒りを表現した。イラク政府が怒るのも無理はなかった。ブラックウォーター社がこのようにイラク市民を殺害する事件は、イラク内務省に記録されているものだけでも、それ以前に七件もあったからである。

世界中のメディアもこのブラックウォーター社の射殺事件を大々的に報じ、CNNをはじめとした米メディアも連日被害者のイラク人やその遺族たちの証言を伝える等してこの米企業の残虐な行為を報じ、「ブラックウォーターによる射殺事件」は一大スキャンダルに発展した。ブラックウォーター社は、「戦争で儲ける死の商人」、「無差別に民間人を殺す非情な傭兵集団」のシンボルとして、世界中にその名を知られることになったのである。

二〇〇七年十月二日、米議会下院の「監視及び政府改革委員会」が、イラクにおける民間軍事・警備会社に関する公聴会を開催し、ブラックウォーター社の創業者であり会長のエリック・プリンスを呼んで証言をさせた。

プリンスは当時まだ一度も記者会見を開いたことがなく、911テロ直後に一度FOXニュースのインタビューに応じたことがあったものの、ジャーナリストとの接触を極力避け、公のスポットライトを浴びることをひたすら拒否し続けていた。そんな謎に包まれた民間軍事会社の帝王が米議会の公聴会で証言したのだから、マスコミの注目を集めないはずはなかった。実際、プリンスの一挙手一投足、発言の一部始終が紹介されていた。

公聴会では、「監視及び政府改革委員会」の委員長を務めたカリフォルニア州選出の民主党下院議員ヘンリー・ワックスマン氏が、

「二〇〇五年以降でブラックウォーター社の警護員が関与した銃撃事件は実に百九十五件もあり、そのほとんどのケースでブラックウォーター社の社員が先に発砲していたことが

分かっている。またブラックウォーター社の百二十二人の従業員が、これは現在の同社のイラクにおける全従業員数の七分の一に相当する数であるが、不適切な振る舞いをしたという理由で解雇されている。（中略）米軍の幹部は、『ブラックウォーター社の行為はイラク人の間に、おそらくはアブグレイブよりもひどい米国に対する憎しみや敵対心を植え付けている』と述べていた。もしこの見方が正しいとするならば、われわれが民間軍事請負企業に依存していることは、まったく裏目に出ていることになる」

と述べてプリンスを責めた。これに対してプリンスは、

「われわれの警護員たちが、自己防衛とクライアントの命を守るために、危険から脱出しようと防衛的な手段を用いたことはある。（中略）二〇〇五年以来、わが社はイラクにおいて一万六千件以上の任務を行ってきており、その間、武器を使用しなければならないような事故は百九十五件発生した。こうした時に巻き添えとして無実の市民が死んだかどうか。それは十分あり得るだろう」

と述べて、あくまで正当防衛でしか武器は使用しておらず、無差別にイラク市民を殺害して反米感情を煽っているという指摘はあたらないと主張した。また二〇〇七年の一月から九月までにイラクで千八百七十三回の任務があり、その間五十六件の事故が発生して武

器を使用したことも明らかにした。

この他、ブラックウォーター社の社員のリクルートや教育訓練、プリンス家の共和党とのコネクション等多岐にわたる質問がプリンスに浴びせられ、秘密のベールの一部がプリンス自らの口から語られた。

このようにブラックウォーター社の射殺事件を契機に、同社やPMCの活動に対する世間の注目がさらに高まるようになったが、前述したようにすでにイラクの現場レベルでは、米軍とPMCの間の調整機構としてROCが稼働しており、PMCが戦闘に巻き込まれる事案は少なくなっていた。

ところが米大使館を管轄する国務省と契約していたブラックウォーター社は、米軍主導の取り組みであるROCには参加していなかった。ROCに加盟した場合、米大使館員を乗せた車両の動きがモニターされてしまうことにもなるため、ブラックウォーター社はクライアントの情報保全の観点からもROCに入りたがらなかったのであろう。いずれにしてもROCも米軍も、国務省と契約するPMCの管理は行っておらず、ブラックウォーター社の動きはまったく把握し切れていない状況だったのである。

「彼らは国務省との契約なのでわれわれの管轄ではない。本当はわれわれも彼らには困っていた」というのが米軍側の本音だった。

一方、ブラックウォーター社としても、「自分たちは国務省との契約の下で米国大使のような非常に重要な要人をお守りしている」という自負があった。彼らにとってはクライアントである大使や外交官の警護が最重要ミッションであるため、そのミッションを達成するためにあらゆる脅威を排除するのは当然だ。その任務を遂行するうえで、他の誰からも制約を受ける必要はないという感覚を持っていた。米国大使館は「米国の法律の及ぶところ」であり、「自分たちには治外法権が適用される」「何をやっても許される」という感覚があった可能性もある。

しかしこのような行き過ぎた殺人事件が起きたことで、米軍も「ブラックウォーター対策」に乗り出した。ちょうど二〇〇七年一月にデービッド・ペトレイアスという新しい駐イラク米軍司令官の下で増派作戦が始まり、それまでのような「イラクの住民を無視するような対テロ戦争ではだめだ」という認識から、米軍の戦略や作戦を根本的に転換させた時期とも重なっていた。

ペトレイアス司令官は、かつて「ベトナム戦争の教訓」に関する博士論文を書いた秀才であり、対テロ戦争、より専門的には「対反乱作戦（Counter-Insurgency）」でもっとも大事なことは、「住民のサポートを得ることだ」ということが分かっていた。このため米軍の行動原則を徹底的に見直し、武器使用の基準等も改めて、それまでの「疑わしきは撃て」とばかりに威嚇も含めてまずは発砲という行動基準を徹底的に改めたのである。

また住民の安全を確保し、地域の治安を改善させることを最優先させるため、「安全な」基地の中や装甲車両の中にとどまっているのではなく、イラク軍とパートナーを組んで街中を歩いてパトロールし、検問所で検問を行い、住民との距離を短くして、イラク市民からの信頼を得られるように、と行動様式も一変させたのである。

そんな矢先にブラックウォーター社がこのような問題を起こしたため、米軍も同社の行動を問題視して、ここまで問題が大きくなったとも考えられる。米軍にとってみれば、「それまで国務省の管轄下で好き放題にやっていたブラックウォーターを管理下に置くチャンス」と捉えたのかもしれない。

十月三十日、ロバート・ゲーツ国防長官とコンドリーザ・ライス国務長官（当時）が、国務省と契約するPMCをより厳しい監督下に置くことで合意したと発表。具体的には、イラクにおけるすべての国務省の車列の動きが、バグダッドの米軍の作戦センターで把握出来るようになり、国務省と契約するPMCに対する訓練や武器使用基準等も、米軍の標準に沿ったものに改定されること等が合意されたのである。

いずれにしても、この「ブラックウォーター社の射殺事件」はセンセーショナルな・大スキャンダルに発展したことで、それまで秘密主義を貫いてきた同社の活動の一端が白日の下にさらされ、同社凋落のきっかけとなっていった。

この後しばらくして、ブラックウォーター社は米国務省との契約を他社に奪われ、イラクにおけるビジネスからの事実上の撤退を余儀なくされた。

しかし、米国務省の外交官たちの中には、同社に対して同情的な声も根強く残った。同社がイラクの米大使館員を警護した二〇〇五年から二〇〇九年までに、同社はクライアントである米大使館員の命を守るために、二十七人の武装警護員を失っている。ブラックウォーター社の警護要員たちにとって、イラクでの身辺警護ミッションは、文字通り命懸けの任務であったこともまた否定出来ない事実なのである。

こうしてみてくると、ブッシュ政権の末期にブラックウォーター社をめぐるスキャンダルが発生したのは単なる偶然ではなかったのかもしれない。

９１１同時多発テロという未曽有の危機に直面したブッシュ政権は、対テロ戦争という未知の戦争に突入した。しかも、冷戦終結の影響でスリムダウンし、リソース不足だった軍や情報機関だけで「ルールのない新たな戦い」に挑まなければならなかった。

この国家的な危機が、ブラックウォーターのようなパートナーを必要としたのである。アフガニスタンという危険な国でテロリストを探し、殺害するという任務を遂行するために、CIAは「情報機関」から「戦闘集団」に変わり、そのためのパートナーとしてブラックウォーターと一体化していったのだ。

イラクでも、想定外の長期に及ぶ武装反乱に苦しめられた米軍は、民間軍事会社の助けを必要とした。マンパワー不足から米軍が守ることの出来ない文民政府や民間企業の警備をPMCが請け負うことで、米軍は攻勢作戦に専念することが可能になった。そして武装反乱勢力が文民政府や民間企業を襲撃することでPMCが戦闘に巻き込まれる機会が増えると、米軍がバックアップしてPMCを助ける仕組みが生まれた。

ブラックウォーターがスキャンダルで表舞台から退場したことは、「何でもあり」の対テロ戦争の時代が終焉を迎えたことを物語っていた。PMCとは、その時代の戦争のあり方、安全保障の世界の現実を映し出す鏡のような存在だったのである。

次章では、米国の覇権に中国やロシアといった権威主義勢力が挑戦し、国際紛争のリスクが高まる大国間競争時代の民間軍事会社を見ていきたい。

第四章　大国間競争時代の民間軍事会社

新たな「戦場」の登場

二〇一八年二月十六日、ロシアによる米大統領選干渉疑惑等を捜査していたロバート・モラー連邦特別検察官は、「ロシアによる選挙介入があった」と断定し、大陪審がロシア国籍の十三人と、ロシア関連の三団体を起訴したと発表した。

裁判所文書によると、干渉は二〇一四年に始まり、起訴された十三人のうち数人は米国人を装い、架空の人物になりすまし重要なメッセージをネット上で拡散させ、政治集会を開催することで米国の選挙を混乱させたという。

起訴された団体のうちの一つは、ロシア第二の都市サンクトペテルブルク（旧レニングラード）に本拠を置く「インターネット・リサーチ・エージェンシー（IRA）」という名のインターネット企業だった。モラー連邦特別検察官が提出した起訴状は全三十七ページで、インターネット・リサーチ・エージェンシー、および複数のロシア人が二〇一六年の大統領選挙でドナルド・トランプ氏が対立候補のヒラリー・クリントン氏に対し有利になるよう様々な手段を通して介入した、と結論づけた。

IRAの資金提供者で米大統領選への不正介入の罪で起訴されたエフゲニー・プリゴジ

ンは、ロシアの民間軍事会社ワグネル社の創設者で、ロシア軍のいわば「別動隊」としてロシアの対外政策を陰で支えた人物の一人であった。

ロシアは正規戦と非正規戦を組み合わせた、いわゆる「ハイブリッド戦争」を展開しており、政治的な目的を達成するために、軍事的な戦闘に加え、政治、経済、外交、プロパガンダを含む情報、心理戦などのツールの他、テロや犯罪行為なども公式・非公式に組み合わせた作戦を展開している（廣瀬陽子『ハイブリッド戦争　ロシアの新しい国家戦略』講談社現代新書、二〇二一年）。

ＩＲＡは二〇一六年の米大統領選挙を含む米国の政治システムに不和の種を蒔くという戦略的な目標のために、インターネット上に偽情報を拡散して選挙に介入した。ハイブリッド戦争における「インフルエンス・オペレーション（影響工作）」の一環として、ＩＲＡがロシア軍や情報機関のた

米大統領選挙干渉問題で起訴されたロシアのインターネット・リサーチ・エージェンシー（IRA）

めにこうした活動を行っているとすれば、ＩＲＡのような会社も、「民間軍事会社」の枠組みで捉えることが出来るだろう。

プリゴジン氏は二〇二二年十一月に、自身が関係している通信アプリを通じ、米国の選挙に干渉してきたことを認める発言をして注目を浴びた。同氏はインターネットを介した対米世論工作で二〇一八年の米中間選挙に影響を与えようとしたとして、翌一九年に米財務省から制裁を科されていたが、一八年の米中間選挙へのかかわりについて、「われわれは干渉してきたし、干渉しているし、今後も干渉する。外科医のように正確に、入念に、だ」などと答えた（『日本経済新聞』二〇二二年十一月九日）。

大国間競争の時代には、〝情報の兵器化〟が進んでサイバー空間を使って情報を操作し、相手国に危害を加えたり、不安定化させる工作活動が日常的に展開されている。しかもこうした活動は比較的安価に行えるため、「大国」だけでなく、小国やテロ組織のような非国家勢力、または個人であっても行うことが可能だ。

本章では、いわゆる伝統的な軍事の分野に限らず、非伝統的な分野、とりわけサイバー空間という新たな「戦場」における民間軍事会社の活動を取り上げたい。また、西側諸国とは異なるロシアの民間軍事会社の活動を詳細に見ることで、ロシアの戦争や対外戦略の特徴を浮き彫りにしていく。さらに「一帯一路構想」を掲げてグローバルな活動を進める中国の対外戦略を陰で支える中国の民間軍事会社の実態にも光を当て、大国間競争時代の民間軍事会社の意義や役割について考えてみたい。

ロシアのプロパガンダ会社による米大統領選挙介入

「プリゴジンと彼が支配する企業が資金を提供するIRAを通じて、ロシアが二〇一六年の米大統領選挙に介入したことを立証した」

二〇一八年二月にモラー連邦特別検察官が公表した起訴状には、このように記されていた。またIRAは、エフゲニー・プリゴジンと彼が支配するコンコルド・マネジメント・アンド・コンサルティング社とコンコルド・ケータリング社を含む会社が資金を提供した、とされている。

ロシアの米大統領選挙介入において中核的な役割を果たしたコンコルドの支配者プリゴジンとはいったい何者なのだろうか？

プリゴジンは、一九六一年にプーチン大統領の出身地であるサンクトペテルブルクで生まれ、七七年に陸上競技寄宿学校を卒業するも、七九年には窃盗容疑で逮捕。八一年には

かつては大統領府やロシア軍向けのケータリング会社を経営していたエフゲニー・プリゴジン（写真右。左はプーチン大統領）

強盗、詐欺や売春をはじめとした罪で禁固刑となり、九年間を刑務所で過ごした。その後ホットドッグ店と食料品チェーン店を経営し、九七年にサンクトペテルブルクに高級レストランをオープン。その店がプーチンのお気に入りになったことから、大統領府向けのケータリングサービス、ロシア軍向けのケータリングサービス、さらにその他の軍の後方支援サービスへと業務を拡大させ、ロシア最大の民間軍事会社ワグネルを設立して、プーチンの対外戦略を支える側近の一人にまで昇りつめた人物である。

モラーの起訴状によれば、IRAとその従業員は、早くも二〇一四年から米大統領選挙に対する妨害工作のための活動を開始したという。IRAの従業員は架空の米国の市民を装い、SNSアカウントやグループページを運営。米国民の間には、移民や銃規制、マイノリティの権利等をめぐり亀裂が生じていたが、IRAはフェイスブックで数百件、ツイッター（現X）で数千件の偽アカウントを運用し、そうした社会の分断をさらに拡大させる活動を展開したという。

偽情報で政敵を攻撃したり、相手を怒らせて対立を煽ることを目的にネット上で過激な発言をすることを「荒らし」、英語では「トロール」と呼ぶが、IRAは約四百人の従業員を雇い、二十四時間体制でSNSに大量のフェイクニュースや扇動的なコメントを投稿し続ける「トロール工場」になっていたという。

IRAはさらに、二〇一四年半ばに上級社員とデータ分析の専門家を米国に派遣し、カリフォルニア、コロラド、イリノイ、ルイジアナ、ミシガン、ネバダ、ニューメキシコ、ニューヨーク、テキサスといったいわゆる「激戦州」を三週間かけて視察させ、各州における有権者の関心や争点等、地域の選挙政治に関する情報を収集させた。また、SNSへの投稿に使用する情報や写真も大量に入手した。

彼らの投稿には、例えばヒラリー・クリントンが国際テロリスト、オサマ・ビン・ラディンと握手しているような捏造写真や、サタン（悪魔）とイエスが腕相撲をしていて「私が勝てば、クリントンが勝つ」と言うサタンに対してイエスが「そうはさせない」と応じる風刺漫画等があった。二〇一六年初めから半ばにかけて、IRAはトランプ陣営を支持

大統領選挙にあたりSNSで拡散された捏造写真

し、クリントン候補を誹謗中傷するフェイクニュースや挑発的、扇動的なコメントを大量に投稿した。

当初IRAは、米国の一市民を装ってSNSの個人アカウントを作成していたが、二〇一五年初頭までに、より大規模なSNSのグループや公開ページを作成し、米国の政治団体や草の根組織と提携していると偽って活動を展開するようになった。例えば、IRAが管理するツイッターのアカウント@TEN_GOPは、テネシー州共和党と関係があるように偽っていた。また米国の架空の組織や草の根団体の名前でアカウントを作成するだけではなく、移民排斥団体、ティーパーティー活動家、ブラック・ライブズ・マターの抗議運動、その他の米国の社会・政治活動家を装うために、これらのアカウントを利用した。

IRAはまた、こうした活動を展開するために、米国大統領選挙期間中に、個人や団体名義でＳＮＳ上の政治広告を購入することをはじめ、さまざまな支出を行っていたことも明らかにされた。フェイスブックによると、ＩＲＡは三千五百以上の広告を購入しており、総支出額は約十万ドルに上ったという。

それらの多くは、大統領候補を明示的に支持または反対したり、ＩＲＡが主催する米国の集会を宣伝する広告だった。二〇一六年三月ころからＩＲＡは、クリントン陣営にあからさまに反対する広告を購入。例えば、同年三月十八日にＩＲＡは、クリントン候補を描いた広告を購入し、〝いつか神がこの嘘つきに大統領としてホワイトハウスに入ることを許すなら、その日は本当の国家的悲劇となるだろう〟というキャプションを一部書き加えた。

ＩＲＡが購入したトランプ候補を紹介する広告は、トランプ陣営の選挙戦を支えるうえで大いに貢献したことを、モラーの起訴状は記している（ただし、トランプ陣営がロシアによる選挙妨害だと認識していた証拠は認められなかった）。トランプ陣営を明示的に支持したＩＲＡの広告は、二〇一六年四月十九日に購入されたものが最初である。ＩＲＡはインスタグラムのアカウント“The Tea Party News”の広告を購入し、「若いトランプ支持者の愛国的なチームを作る」ことを呼びかけた。ハッシュタグ「#KIDS4TRUMP」をつけた写真をアップロードすることで、IRAは「若いトランプ支持者の愛国的なチーム」を作る活動を後押ししたのである。

さらにIRAは、フェイスブックのイベント機能をフルに活用して、リアルイベントや政治集会を開催し、大量に人員を動員することに成功。IRAはサンクトペテルブルクを出ることなく、激戦州での政治集会で米国人グループ間の衝突を誘発することまで出来るようになった。

こうして二〇一六年の選挙が終わるまでに、IRAはSNSのアカウントを通じて何百万人もの米国民に接触する能力を持つようになっていた。

二〇一七年半ばにフェイスブックによって無効化された時点で、IRAが管理していたフェイスブック・グループ「団結する米国のイスラム教徒」には三十万人以上のフォロワーがおり、「我々を撃つな」グループのフォロワー数は二十五万人以上、「愛国的であること」というフェイスブック・グループには二十万人以上のフォロワーがおり、「国境を守れ」というグループには十三万人以上のフォロワーがいたという。

後にフェイスブック社は、二〇一五年一月から二〇一七年八月の間に、合わせて八万件の投稿を行った四百七十個のフェイスブック・アカウントがIRAに管理されていたことを確認したと証言。またツイッター社（現X社）は、ＩＲＡが管理する三千八百十四個のアカウントを特定し、同アカウントと接触している可能性があると同社が判断した約百四十万人に通知したと発表した。

この期間中にＩＲＡの投稿を閲覧したフェイスブック利用者は一億二千六百万人、ツイッター利用者は二億八千八百万人に上ったとされている。

米国の登録有権者数が約二億人で、そのうち二〇一六年に投票した人の数が一億三千九百万人だったことを考えると、これは驚愕の数字である。もっともこれらの投稿が、有権者の投票行動にどの程度の影響を与えたのかは定かではない。

米『ニューヨーク・タイムズ』紙の記者であるデービッド・サンガー氏は、「スターリンが生きていたら、ＩＲＡを褒めたたえたことだろう……（中略）……スターリンはソ連時代、アメリカ人を取り込み、資本主義の評判を落とし、恐怖と不信の種をまくためにプロパガンダを使った。ＩＲＡがしたのも同じことだが、フェイスブックなどのソーシャルメディアによって、スターリンには想像できなかったほど広範囲に影響を及ぼすことができた」と著書（『世界の覇権が一気に変わる――サイバー完全兵器』高取芳彦訳、朝日新聞出版、二〇一九年）に記している。

ロシアの民間企業が、情報空間を通じて米国の選挙に悪意を持って介入したという事実は、民間軍事会社の歴史の一ページに記録しておくべき事件と言えるだろう。

ちなみにこの話には続きがある。

二〇一八年の米中間選挙では、米サイバー軍が、米国家安全保障局（NSA）や米連邦捜査局（FBI）と連携し、フェイクニュースやトロールの発信源を探知し、民間のネット会社と協力して有害サイトを除去しただけでなく、投票日とその後数日間にわたり、サンクトペテルブルクにあるIRA施設のネット接続を遮断するサイバー攻撃を行ったというのである。

当時のマティス米国防長官がサイバー軍に対して能動的な「先制攻撃」を容認したことで注目された。米軍がIRAの通信を遮断した理由は、「投票とその後の集計作業の期間中、有権者が偽情報を受け取って選挙プロセスに不信感を抱かないようにした」（飯塚恵子『ドキュメント 誘導工作——情報操作の巧妙な罠』中公新書ラクレ、二〇一九年）のだという。

IRAという外国の民間軍事会社による選挙妨害を封じるために、米サイバー軍が先制攻撃を仕掛けたという事実も、新しい時代の目に見えない「戦争」の様相を象徴する特筆すべき事件と言えるであろう。

ＵＡＥに最先端のハッキング技術を伝えた民間軍事会社の役割

ハッキングや偽情報の流布等、サイバー空間を使った情報戦は、大国同士だけでなく、中堅国の間でも展開されるようになった。ここで注目されるのは、先進国の持つ最先端のハッキング技術やノウハウが、民間軍事会社を通じて中堅国に流れ、中堅国同士の対立を激化させることに「役立って」しまっていることだ。

二〇一七年六月にサウジアラビアやアラブ首長国連邦（ＵＡＥ）等の一部のアラブ諸国がカタールと断交を宣言し、その後数年にわたって対立が続いたが、その過程でＵＡＥの極秘サイバープログラムの存在が明るみに出た。現代の情報戦と民間軍事会社の役割を考えるうえで極めて興味深い事案なので詳しく見ていこう。

同年六月五日、サウジアラビア、ＵＡＥ、バーレーン、エジプトは、「テロ組織を支援している」としてカタールに対して外交関係の断絶を通告。同時に封鎖措置を発動し、陸・海・空全ての国境を閉鎖し、カタール唯一の陸路国境であるサウジとの国境も閉鎖した。またカタール船籍の船の入港を禁止、空路についても直行便の往来やカタール航空による四カ国の領空通過を禁止する措置を発動した。

エジプトのアブデル・ファタハ・アル・シシ大統領、サウジアラビアのサルマン国王とドナルド・トランプ大統領（当時。左から）

このアラブ諸国間の危機は、情報戦の発展における分水嶺となる事件だった。このカタール危機が異質だったのは、事前に仕組まれたハッキングと偽情報キャンペーンに端を発した最初の国際的な危機の一つだったことである。

アラブ諸国間の断交に先立つ同年五月二十日から二十一日、トランプ米大統領がサウジアラビアを訪問し、巨額の武器売却契約に調印していた。トランプ氏はアラブ諸国、とりわけサウジアラビアとの結束をアピールし、反イラン、反テロでの共闘を訴えた。このトランプ氏のサウジ訪問に合わせるように、その二日後、カタール国営放送のサイトに、同国のタミーム首長がイランを「イスラムの力」と呼び、イスラム主義組織ハマスを称賛する記事が掲載された。

これを受けてサウジやUAE系のメディアは、タミーム首長の発言が親イラン的であり、テロ組織を肯定するものだとして一斉にカタールを非難。カタール政府は「外部からのハッキングによって掲載された偽情報である」と発表したが、サウジやUAEは、カタールに対して抗議を行った。

国営サウジ通信は、カタールが「域内の安定を阻害しようとするムスリム同胞団、イスラム国（IS）、アルカイダを含む複数のテロリスト・宗派組織を支援し、常にメディアを通じてこうした組織のメッセージや構想を広めている」と非難した。

サウジ、UAE、バーレーンはカタールとの交通を遮断し、国内のカタール国籍の訪問者や居住者に対し二週間以内の退去を求め、エジプトの国営通信社も、「カタールがアラブ地域の安全保障を脅かし、アラブ社会の対立と分裂の種をまいている」としてカタールと断交。イエメン、モルディブ、リビア東部を拠点とする世俗主義勢力もそれに続いた。

まるで事前に「とり決め」がなされていたかのような手際のよい措置だったが、しばらくすると「外部からのハッキングによる偽情報だ」とするカタール政府の主張を裏づける情報が飛び出した。その情報源は米国のインテリジェンス・コミュニティであった。

カタールとの断交から約一カ月後の七月十六日、米『ワシントン・ポスト』紙は、情報機関筋の情報として「UAEが同年五月下旬にカタールのタミーム首長によるとされる扇動的な虚偽の引用を投稿するため、カタール政府のニュースサイトやソーシャルメディアサイトのハッキングを画策した」と報じたのだ。

これによると、米情報機関は、二〇一七年五月二十三日に、UAE政府の高官がこの計画とその実施について話し合っていた証拠をつかんだという。それによれば、UAEが自らハッキングを実行したのか、それとも第三者がハッキングを請け負ったのかは不明だとされた。ハッキングと投稿が実際に行われたのは五月二十四日で、トランプ大統領が隣国サウジアラビアでペルシャ湾岸諸国の指導者たちとの長時間のテロ対策会議を終えた直後のことだったという。

もちろんUAEはこの報道を否定。「記事にあるハッキング疑惑に我が国はまったく関与していない。事実なのはカタールの行動だ。タリバンからハマス、カダフィに至るまで、過激派に資金を提供し、支援している。暴力を扇動し、過激化を助長し、近隣諸国の安定を損なっている。それこそが事実だ」として、カタールとの断交を正当化した。

そしてサウジやUAE等はその後、カタールとの断交を二〇二一年一月まで続けたのだが、その間、カタールに対して継続的にハッキングが行われ、何万もの偽アカウントが反カタール論調を増幅させ、カタール政府に対する民衆の敵意が渦巻いているかのような錯覚を作り出すために利用された。

二〇一七年五月から二〇二〇年五月にかけて、これらのアカウントはクーデターを奨励し、世論を操作しようと画策し、カタールを中東における好戦的な行為者として中傷するために利用された。実際、ハッキングされた米国のシンガーソングライターやプロ野球選手の認証済みアカウントまでもが、「カタールでクーデターが起きた」といった偽情報を広めるために利用されたことが明らかになっている。

こうした情報戦の背景について、ロイター通信がUAEのサイバー監視プログラム「プロジェクト・レイヴン」（Project Raven）に関するスクープを発表したのは二〇一九年一月三十日のことだった。この記事で、アラブの君主国の情報機関のために、いかに元米国情報機関のスパイたちが最先端のサイバースパイ・ツールを使い、反体制派やジャーナリスト、さらにカタールのようなライバル国の通信をハッキングしていたかが明るみに出た。

ロイターの調査報道は、プロジェクト・レイヴンの存在を初めて知らしめ、通常は秘密と否定のベールに包まれる国家のハッキング活動について貴重な内部情報を提供した。この作戦に従事した元米情報機関のスパイたちは、「カルマ」として知られる最先端のスパイ・プラットフォームを含むサイバー・ツールを利用して、数百人におよぶ反政府活動家、他国の政治指導者やテロ容疑者の iPhone をハッキングしていたという。

一方UAEは、過激なテロ組織からの脅威に直面しており、テロ対策で米国と協力していたと同プロジェクトの正当性を主張。実際にプロジェクト・レイヴンは、UAEの国家電子安全保障局（NESA）が首長国連邦内における過激派ISのネットワークを解体するのに役立った、とプロジェクトの関係者は証言している。

しかしレイヴンの任務は国内の過激なテロリストの監視にとどまらなかった。レイヴンはいわばNESAの実働・工作部門として機能し、イエメンの過激派からイラン、カタール、トルコといった外国の敵対勢力、そして王政を批判する人権活動団体、ジャーナリストや個人も監視対象に含めるようになった。

「カルマ」と呼ばれるハッキング・ツールは、レイヴンの工作員たちが世界中の iPhone ユーザーの端末に侵入することを可能にした。カルマを使えば、工作員たちはあらかじめ設定されたシステムに番号のリストをアップロードするだけで、iPhone から電子メール、位置情報、テキストメッセージや写真を入手することが出来たという。

ロイターが入手したレイヴンに関する内部文書によれば、二〇一六年と二〇一七年に、カタール、イエメン、イラン、トルコの政府を含む中東と欧州全域の数百の標的に対してカルマが使用されたことが示されている。レイヴンの工作員たちは、カルマを使って、カタールのタミーム首長が使っていたiPhoneや、彼の側近たちや兄弟の端末をハッキングしたのである。

また、カタール政府やUAEが敵視していたイスラム組織「ムスリム同胞団」とつながりがあると思われる少なくとも十人のジャーナリストやメディア幹部のiPhoneに侵入する作戦を開始。レイヴンの工作員たちは、ベイルートを拠点とするBBCの司会者からアルジャジーラの会長、ムスリム同胞団のメンバーによって設立されたロンドンの衛星チャンネルのプロデューサーまで、様々な政治思想を持つアラブのメディア関係者を標的とした。

こうしたサイバー作戦は、カタールの王室がアルジャジーラや他のメディアの報道に影響を与えていることを示す資料を見つけ、影響力のあるテレビネットワークとムスリム同胞団との関係を明らかにすることが目的だったという。

こうしたプロジェクト・レイヴンのストーリーの中でもっとも興味深いのは、米情報機

プロジェクト・レイヴンの「生みの親」リチャード・クラークはブッシュ政権時にテロ対策にあたっていた

関出身の米国の元スパイたちが、ＵＡＥに雇われていたことである。

　そもそもこのプロジェクトの「生みの親」は、二〇〇一年の９１１米同時多発テロの時にブッシュ米政権でテロ対策大統領特別補佐官を務めていたリチャード・クラークであった。同氏は、このテロ事件が発生する以前から国際テロ組織アルカイダの脅威について同政権内で主張していた一人として知られ、９１１テロ後は、サイバースペース・セキュリティ担当大統領特別補佐官を務めた。

　二〇〇三年にブッシュ政権を去ったのち、クラークは自身のコンサルティング会社グッドハーバー・コンサルティング社を立ち上げ、二〇〇八年にクライアントの一つであったＵＡＥ政府から、同国に対する脅威を監視するため、サイバー監視能力を構築する業務を請け負った。

　このためにクラークが助言して創設された機関が、その頭文字をとって「ＤＲＥＡＤ」と呼ばれるようになる開発研究調査分析部である。当初ＤＲＥＡＤの監視対象はＵＡＥに対する明確な脅威となる過激派イスラム主義組織と関係する人物だったが、次第にその対象は、サウジアラビアで女性の権利を擁護する活動家、国連の外交官、サッカーの国際組織であるFIFAの職員にまで拡大され、二〇一二年までに、このプログラムは「プロジェクト・レイヴン」という暗号名で知られるようになった。

DREAD＝プロジェクト・レイヴンが動き出した当初、UAEのインテリジェンス・コミュニティにはサイバーに関する専門知識がほとんどない状態だった。クラークのグッドハーバー・コンサルティング社は、DREAD本部の建設や初期プログラムの開発に携わっただけで、二〇一〇年にはボルチモアに本社を置く米国の小さなサイバーセキュリティ会社「サイバーポイント」に同プロジェクトの開発・運営業務を引き渡した。

サイバーポイントは、米国家安全保障局（NSA）、米中央情報局（CIA）や米軍から、サイバーインテリジェンスやサイバーセキュリティに携わった情報部員たちを雇い入れ、二〇一三年までには常時十二から二十人の米国人の元スパイのチームが、プロジェクト・レイヴンの主力を占めるようになったという。

サイバーポイントは、UAEに業務を提供するために必要な米国政府からの承認を得て、米国人の元スパイたちを業務に就かせていた。同社の社員の多くは、NSAやその他の米情報機関のために極秘プロジェクトに携わっていたが、機密性の高い防衛技術やサービスを外国政府に提供するには、一般的に米国務省と商務省の特別なライセンスが必要である。両省はサイバーポイントのUAEとの契約について公式なコメントは出していないが、ロイター通信が入手した文書によれば、二〇一四年に国務省がサイバーポイントと交わした合意では、同省はサイバーポイントがUAEのサイバー監視活動の立ち上げを支援していることを認識していたという。同文書では、サイバーポイントの契約は、「UAE内外の通信システムからの情報収集」と「監視分析」を通じて、NESAとともに「UAEの主権を守る」ために働くことだと説明されている。

しかし、元レイヴンのメンバーによれば、UAE側はもっと大きな野心を持っており、サイバーポイントの従業員に対し、同社の米国でのライセンスの枠を超えるような活動を何度も迫ったという。

サイバーポイントは、UAEの情報機関が暗号コードを解読したり、米国のサーバーに収容されているウェブサイトをハッキングしてほしいと支援を求めてきたことに対して、この要求を拒否し続けたという。

そこでUAEは二〇一五年、サイバーポイントとの契約をUAEのサイバー防衛企業ダークマター社に移行させると同時に、サイバーポイントで働いていた米国の元スパイたちを引き抜いてUAEが望むスパイ活動を行わせた。

二〇二一年九月、UAEに雇われ、高度なサイバー作戦を実行していたダークマター社元社員の三人の元米情報機関員が、ハッキング犯罪と、外国政府への軍事技術移転を制限する米国の輸出法違反を認めたことが明らかにされた。公開された裁判文書によると、三人は、UAEに高度な技術を提供し、同国の敵にダメージを与えることを目的とした侵害行為を行うUAEの情報機関員を支援したという。

三人の米国の元スパイたちは、米国の緊密な同盟国であるUAEが、「米国内のコンピューターやサーバーを含む世界中のコンピューターや電子機器、サーバーからデータを取得するための不正アクセスを行う手助けをした」ことを検察に認めたのである。

この事件は、米国の情報機関出身者が民間企業に入った後、海外で許される業務が何かを定めた法律がいまだに穴だらけである点を浮き彫りにした。機密情報の共有はもちろん違法だが、ウイルス入りの電子メールで標的をおびき寄せる方法等、より一般的なスパイ活動のノウハウを業者が共有することを禁じる特別な法律は存在しない。

二〇二〇年一月、この事件を受けて米議会は米国の情報機関に対し、元スパイたちが外国政府のために行うビジネス活動が国家安全保障にもたらすリスクを詳述した評価報告書を毎年提出することを義務づける新たな法案を可決した。これは、米議会が過去数週間で署名した外国のスパイ活動を対象とする二つ目の法案だった。別の新しい法案では、国務省に対し、サイバー・ツールの普及をどのようにコントロールしているかを議会に報告し、その方針に違反した企業を罰するためにとった措置を開示することが義務付けられた。

また二〇二一年一月には、CIAの防諜担当次長のシータル・パテルが、退役将校に対して、直接・間接を問わず外国政府のために働くことを警告するメモを送ったことが話題になった。メモには、「外国政府が直接、間接を問わず、スパイ能力を高めるために元情報機関員を雇うという〝有害な傾向〟が見られる」と記され、「この種の雇用を追求する元CIA職員は、米国の競争相手や外国の敵対者の利益のために、CIAの使命を損なうかもしれない活動に従事していることになる」と、強い口調で注意を促していた。

しかし、いくらこのような注意喚起をしても、元軍人や元スパイたちの頭の中にある情報やノウハウ、身体に染み付いたスキルを消し去ることは出来ない。米国の情報機関が有していた高度なハッキング技術が、元スパイを通じてUAEに流れたように、こうした技術やノウハウの拡散を完全に防ぐことは極めて困難である。

国家安全保障に対する脅威が、物理空間からサイバー空間を通じて相手に作用し、情報が「兵器」として簡単に悪用可能な時代において、個人の持つスキルやノウハウは、国家だけが「暴力を独占」していた時代に比べてはるかにその価値が高まっていると言える。そうした個人を取り込んだ民間軍事会社のパワーも、かつてなく強くなっている時代なのだ、との認識を持つ必要があるだろう。

狂気の民間軍事会社ワグネル

サイバー・デジタル空間を最大限に活用し、政治戦、影響工作、心理戦を仕掛け、破壊工作、サボタージュ、誘拐、要人暗殺、暴力的デモ、浸透工作……といった用語で表現される平時におけるグレーな戦いを展開することが二一世紀型の戦争であり、とりわけこうした「ハイブリッド戦争」がロシアの「お家芸」だと信じられていた。

それだけに二〇二二年二月二十四日に起きた出来事は、世界を震撼させた。

同日朝にプーチン露大統領がテレビ演説で、ウクライナ東部ドンバス地域で「特別軍事作戦」を実施すると発表した。その数時間後、ロシア軍は、イスカンデルMを含む百発以上の短距離弾道ミサイルと巡航ミサイルをウクライナの首都キーウを含む重要な標的に撃ち込み、ウクライナへの軍事侵攻作戦を開始したのである。

ロシア軍は当初、ウクライナに北方、東方、南方から攻め込み、北方では北西と東の両方から首都キーウへ向けて地上部隊が侵攻した。国境を越えてロシア軍の戦車部隊がウクライナ領内に進撃している様子がメディアで伝えられ、二一世紀どころか二〇世紀前半にタイムスリップしたかのような光景に、世界が衝撃を受けた。

さらに人々を驚かせたのは、ロシア軍とウクライナ軍の圧倒的な軍事力の差から、ロシアが瞬く間にキーウを制圧し、一週間もすればウクライナ全土を制圧してしまうのではないか、と思われていたにもかかわらず、ロシア軍がウクライナ軍の頑強な抵抗に遭い、「電撃侵攻作戦」が失敗したことである。

ロシアは当初、制空権を獲得し、ウクライナ軍の防空能力を低下させ、ウクライナ軍の防御と反撃の調整能力を弱体化させることを狙っていたようだが、ウクライナ空軍や防空、指揮統制能力を低下させることに失敗したことで、ロシア軍は侵攻開始直後からウクライナ軍の効果的な抵抗に遭うようになった。

侵攻開始から一カ月後の二二年三月末、キーウ周辺でのロシア軍の攻勢は停滞し、ロシアはウクライナ南部と東部での領土獲得に向け戦略を転換した。同月二十五日にロシア国防省は、「当初の目的をほぼ達成したため、ドンバスを含むウクライナ東部に焦点を当てた作戦の第二段階に移行する」と発表。ウクライナ東部と南部の一部に軍事作戦を集中させるため、部隊を再配置した。

さらに同年九月三十日にプーチン大統領は、ウクライナ東部ドネツク州とルハンシク州、南部のザポリージャ州とヘルソン州を併合すると発表。その後この戦争は、同四州の制圧、もしくは防御を目的とするロシア軍と、不法にロシアに占拠された同地域の奪還を試みるウクライナ軍との間で泥沼とも言えるような膠着状態に陥り、長期化していく。

ウクライナ東部における激戦が伝えられ、ロシア、ウクライナ共に甚大な被害を受けながら消耗戦に突入していた二〇二三年一月、ロシアが久しぶりに戦場での勝利を発表した。それは一月十日、ロシアの部隊がウクライナ東部の町ソレダルを制圧したという内容であった。ソレダルは、東部ドネツク州の要衝バフムトへのウクライナ軍の補給路を遮断出来る戦略的に重要な位置にあったため、ロシア、ウクライナ双方が戦力を投じて激しく戦っていた場所だった。ソレダル制圧は過去半年間、軍事的後退を強いられてきたロシアにとって、二二年七月以来となる目覚ましい戦果だと伝えられた。

世界がロシアのこの「勝利」に注目したのは、半年ぶりの領土獲得という点だけでなく、

ロシアによるウクライナ侵攻で注目された民間軍事会社「ワグネル・グループ」

その「目覚ましい戦果」を上げた「ロシアの部隊」がロシアの正規軍ではなく、民間軍事会社ワグネル・グループだった点にあった。

ワグネルは、米大統領選挙に介入したインターネット・リサーチ・エージェンシーの資金提供者でもあったエフゲニー・プリゴジンが設立した会社で、ロシア軍と共にウクライナでの戦争に参加していた。

のちにワグネルは、ウクライナ戦争でロシア軍以上の戦果を上げただけでなく、次第にプリゴジンのロシア軍幹部に対する不満が増大したことでワグネルとロシア軍の対立が強まり、最終的にはワグネルがモスクワに対して反乱を起こすという前代未聞の事態に発展していく。

国家間の戦争において、最前線でこれほど

「堂々と」戦闘に携わった民間軍事会社は、歴史的に見ても極めて稀である。この非常にレアな民間軍事会社の活動やその創設者であるプリゴジンの数奇な半生について詳しく見ていきたい。

まず、ワグネル・グループとはいったいどんな組織なのかについて見ていこう。

二〇二二年九月に、プリゴジンは、ロシアのソーシャルメディアサイト、フコンタクテ（VK）に掲載した声明で、ワグネル・グループを設立していたことを初めて公に認めた。ロシアにおいて、民間軍事会社は違法な存在であるため、それまでプリゴジンはワグネルを設立したことを認めていなかった。

プリゴジン自身の説明によれば、彼は二〇一四年五月に、ロシアが併合したクリミアでロシア軍を支援し、ウクライナ東部の親ロシア派分離主義者を支援するためにワグネルを結成したのだという。ワグネルにとってウクライナとの紛争が、そもそも発足のきっかけだったのである。

前述した通り、プリゴジンは九〇年代後半にサンクトペテルブルクでレストランを開業したことをきっかけにプーチンと個人的に知り合い、ケータリングビジネスに進出してクレムリンやロシア軍と給食契約を獲得し、「プーチンのシェフ」と呼ばれるようになった。

その後プリゴジンは、プーチンとの個人的なつながりを利用して政治や軍事の世界に入っていき、いつしか「ロシア国家による活動を不明瞭にする仲介役」として利用されるようになった、と考えられている。

米国政府は、ワグネルを「ロシア国防省の代理勢力」と評しており、ワグネルの戦闘員たちは、ロシアの特殊部隊が共有するロシア南部のモルキノにあるキャンプで訓練を行っていると発表していた。

米ワシントンのシンクタンク戦略国際問題研究所（CSIS）の調査によると、ワグネルは二〇二二年時点で約三十カ国で活動し、ロシア国内に二つの訓練所を保有していたという。またニューヨークに本拠を置くシンクタンク「ソウファン・センター」によると、ワグネルの重要な機能の一つは、ロシア政府が表向きには否定している、「国際規範に沿わない金融、影響力、安全保障上の利益を獲得する」ことだと分析している。

では具体的にワグネルはどんなことをしてきたのか？

二〇一四年、ワグネルは、ウクライナ東部のドンバス地域の支配権を求めて戦うロシアに支援された現地民兵の訓練、組織化、武装化を支援したとされている。CSISによれば、ワグネルの戦闘員は現地での戦いや情報収集に参加し、ロシアによるクリミアの掌握と併合に加担したという。

またこれもCSISによる情報であるが、ワグネルは二〇一四年から二〇二二年に、シリア、リビア、スーダン、マリ、中央アフリカ共和国、マダガスカル、モザンビーク、ベネズエラで活動していたとされている。多くの場合、彼らはロシアの資産やホスト国政府の警備要員として採用されており、時には戦場で戦闘に従事することもあった。

ワグネルがウクライナに現れた直後の二〇一五年、ロシアが軍事介入を開始したシリアでも、ワグネルに属する戦闘員たちの活動が報告されていた。またシリアでワグネルは、ロシア軍が拠点を置いていた軍事施設の警備を行い、アサド政権軍によるパルミラ市奪還作戦等の一部の戦闘にも参加したとされている。

シリアのワグネルの部隊は、二〇一八年には、冷戦以来最も危険な米露対立の一端を担ったこともあった。シリア東部のデリゾール近郊で油田を警備する米軍と現地の同盟勢力に対し、アサド政府軍と共にワグネルの部隊が攻撃を仕掛け、米軍の報復攻撃を受けて約百人の戦闘員が犠牲になる事件が起きたのである。

またワグネルの部隊は、リビアの内戦のエスカレーションにも「貢献」したとされる。石油資源の豊富なリビアでは、内戦終結のために二〇一五年に設立された国連の支援する政府を打倒する戦いに参戦。リビア政府と敵対するハフタル司令官を助けて戦闘を激化させたという。シリア戦争と同様、リビア内戦は地域の代理戦争の様相を呈するようになり、ワグネルの戦闘員は、ロシアが中東と北アフリカで強い存在感を示すためのツールだと受け止められた。

ワグネルとロシアはさらに、アフリカで政治的・経済的な影響力を拡大させ、CSISによれば、ワグネルは十八カ国に進出したという。

「ワグネルがやってきて、その国をさらに不安定化させ、鉱物資源を荒らし、可能な限りの金を稼いで去っていく」と、アフリカ特殊作戦司令部のトップを務めた米海軍少将のミルトン・サンズは、二〇二二年三月初めに米『ワシントン・ポスト』紙に語っている。

二〇一七年に、米国は「ワグネルがウクライナ東部での暴力を扇動している」と判断し、商務省が輸出管理に関する団体リストに同社を追加し、制裁を科した。同年十二月には同じく米商務省がワグネルを軍事用エンドユーザーに指定している業者に対し、食品や医薬品を含む一部のケースを除いて、ライセンスを義務付けることにした。

二〇二〇年には、米財務省が中央アフリカ共和国での犯罪活動を理由にプリゴジンに制裁を科し、二〇二一年には、米国の選挙に干渉した疑いで、プリゴジンにさらなる制裁を科した。

そして二〇二三年一月にバイデン政権は、大統領令「13581」を発令して、ワグネルを「重要な国際犯罪組織」に指定したことを発表した。

しかし英『フィナンシャル・タイムズ』紙が、プリゴジンが支配しているとして米国、欧州連合（EU）、英国からすでに制裁を受けているワグネル関連企業の銀行口座と、まだ制裁を受けていない企業の口座を分析したところ、プリゴジンがロシアによるウクライナ侵攻までの四年間で、世界中の天然資源によって二億五千万ドル以上の収入を得ていたことが判明した。

二〇二三年二月二十一日に同紙が報じたところによると、プリゴジンに対する長年にわたる西側の制裁は、石油、ガス、ダイヤモンド、金の採掘から彼の「帝国」に流れる数億ドルに上る資金を止めることが出来なかったという。

ワグネルはこれまで活動したほぼすべての国で、殺人、拷問、レイプ等の人権侵害で告発されている。しかし二〇一六年十二月に米国から初めて制裁を受け、二〇二一年には米連邦捜査局（FBI）の最重要指名手配リストに掲載され、西側諸国政府からの監視が強化されたにもかかわらず、これらの制裁の嵐は、アフリカや中東におけるワグネルの天然資源ビジネスをほとんど止めることが出来なかったのである。

二〇一八年、米国政府はプリゴジンが支配するエブロ・ポリス社を新たに制裁対象にした。同社は、シリアの内戦中にワグネルの戦闘員たちが油田の支配をアサド政権のために奪還した見返りに、シリアのアサド大統領からエネルギー利権を与えられた会社である。

エブロ・ポリス社の決算によると、制裁の影響は限定的で、二〇二〇年には一億三千四百万ドルの売上高と九千万ドルの純利益を計上したという。

二〇一八年以降、スーダンやシリアといった国々でプリゴジンの支援する事業から得た収益は、このケータリング王がプーチンのウクライナ戦争を助ける凶暴な戦争屋として登場するのを助けたことになる。

こうした活動から窺《うかが》えるのは、ワグネルがアフリカ等のハイリスク国において、警備や警護の業務を行っているだけでなく、ロシアが軍事的に介入している国において軍事訓練や各種の工作活動、さらには軍を助ける形で戦闘業務まで提供していること。また、アフリカや中東において資源開発ビジネスにも食い込み、密輸やマネーロンダリングのような国際犯罪にも手を染めていたこと。創設者のプリゴジンは長年西側諸国から様々な制裁を科されていたにもかかわらず、莫大な資金を稼いでプーチンを支援出来る立場にあったということである。

ウクライナ東部バフムトで「捨て駒」にされたワグネル

ワグネルは二〇二二年、ロシアがウクライナを侵攻した後に同国に「帰還」した。ロシア軍は緒戦で大きな損害を被り、プーチン大統領は戦場での助けをこのグループに頼らざるを得なくなった。そこでワグネルは、ロシアの刑務所から仲間を募り、戦力を増強するという前代未聞の手段に打って出た。

米政府はワグネルの構成員は、主にロシアの治安部隊の退役軍人から採用した約一万人の元職業軍人と、四万人の元受刑者であると発表。ワグネルの脱走者やロシアの囚人の権利を擁護する活動家によると、受刑者はわずか二週間の訓練で戦場に投入され、敵の砲火の位置を明らかにし、後続の攻撃波のための塹壕《ざんごう》の掘削、主に無防備な小グループでウクライナ軍の陣地への突撃用に利用されたという。

ワグネルの指導部は囚人部隊をまるで消耗品のように扱い、ウクライナの当局者や軍司令官によれば、戦闘員の中には前線に到着してから数日、あるいは数時間で殺された者もいたという。しかしこの戦術は功を奏し、ワグネルはロシア正規軍が成し遂げられなかったソレダルの制圧に成功し、続いて東部の要衝バフムトの戦いに突入した。

プリゴジンは、バフムトでのワグネルの主な任務は「領土の獲得ではなく、他の戦域で戦えたはずの経験豊富なウクライナ軍部隊を枯渇させることだ」と主張し、実際にワグネルの戦闘員たちはその役割を十分に果たした。

プリゴジンは二三年一月下旬、自らのＳＮＳに「ウクライナ軍が戦闘可能な部隊をすべてバフムトに送り込んでいる」と投稿し、ウクライナ軍との激しい消耗戦に入っていることを「実況」した。ワグネルは、二十一世紀とは思えない古典的かつ非人道的な戦術でウクライナ軍を苦しめたのである。

ウクライナ軍の現地司令官の一人は、米『ワシントン・ポスト』紙のインタビューで、バフムトにおけるワグネルが採用する小規模突撃集団による波状攻撃が恐ろしく効果的だと証言した。

「前進に失敗すれば、別のグループが続き、時間をかけてウクライナ軍を疲弊させる。ワグネルの目標は、一度に三百〜四百メートルだけ前進することかもしれない。だがこれは有効な戦術だ。どんなにわずかでも前進し続けることが基本で、人的損失はまったく考慮に入れていない」

ウクライナ軍は数カ月間にわたりバフムト防衛のために最高の旅団を投入した。ウクライナ当局は、ワグネル軍五万人のうち三万人近くが脱走や死傷したと主張。一方ロシアのショイグ国防相は、ウクライナが二月に一万一千人以上の兵力を失ったと述べた。これらの数字がどこまで正確かは不明だが、双方共に相当数の人員を失っていたことは確かだろう。

ウクライナ側の犠牲者の割合が少なかったとしても、元々人口が多いロシア（世界で九位）がウクライナ軍精鋭部隊の命と訓練不足の囚人のそれを交換したとすれば、結局はモスクワ（ロシア政府）に有利に働く計算になる。

しかし、この凄まじい消耗戦の背後で、もう一つの戦いが起きていた。プリゴジンとロシア軍指導部の「戦い」である。プリゴジンはそれ以前にも、ロシア国防省が弾薬や物資をワグネルに供給していない、との批判を繰り返していたが、バフムトの戦いにおいて国防省指導部に対する批判は一層熾烈さを増していった。

ロシア軍とワグネルの間に何が起きていたのか？

ロシアによるウクライナ侵攻の初期の頃から、ロシア軍幹部とプリゴジンの間で深刻な対立があり、ロシア軍が初期の軍事作戦に失敗してプーチン大統領の信頼を失ったことから、プリゴジンが有利な立場にあった。

おそらくプーチン大統領は、開戦直後の段階では、プリゴジンにロシア国防省の弾薬庫へのアクセスを与え、ロシア国内の刑務所から囚人をリクルートする権利も認めていたのだと考えられている。しかしプリゴジンは、プーチンがワグネル陣営に依存していることを過大評価し、ロシアの軍と政治指導部中枢を親ワグネル派の人物に置き換えようと政治工作を始め、軍指導部との対立を強めていった。

プリゴジンは、ウクライナがハリコフ州やドネツク州のライマンで行った掃討作戦でロシア軍が失敗したことを利用して、この時のロシア軍指揮官である中央軍事地区司令官アレクサンドル・ラピンの解任を働きかけて成功。

プリゴジンがこの軍事的失敗についてプーチン大統領に直接訴え、中央軍事地区司令官としてワグネルに近いセルゲイ・スロヴィキンの任命を勝ち取ったのだという。プリゴジンの強みは、直接プーチンに電話をかけて話をすることが出来る親密な関係にあるとされた。

プリゴジンはロシア国防省の弾薬庫や予算へのアクセスを確保するため、ワグネルに近い軍関係者の擁立を狙い、とりわけセルゲイ・ショイグ国防相とヴァレリー・ゲラシモフ参謀総長の追い落としを画策したという。

しかしプリゴジンの明らかな軍事的・政治的野心は、プーチン大統領の不信感を招くことになったようである。プリゴジンはプーチンに直接挑戦するつもりはなかったと思われるが、「プーチンから信頼されている他の人たちを犠牲にしてまで積極的に自己宣伝するプリゴジンの姿が、プーチンには脅威として見えたのだろう」と米戦争研究所（ＩＳＷ）は分析している。

ショイグとゲラシモフは、長年プーチンとその体制に忠実であったため、過度の忠誠心によってプーチンが聞きたくないことをプーチンに伝えなかったという過ちを犯した可能性が高いが、プーチンはこの特性を許した。

プーチンは二二年十月以降徐々にロシア国防省指導部の肩を持つ姿勢を鮮明にし、自らの支配に対する新たな脅威とみなすようになったプリゴジンを「管理」し始めた。ロシア国防省は同年十月に囚人の募集を開始したと発表。以降プリゴジンは囚人の募集が出来なくなったという。国防省はまずプリゴジンから重要な人的リソースを奪ったのである。

プーチンはまた、ワグネル軍が二〇二二年末までに約束したバフムトでの勝利を飾ることが出来なかったことから、最終的に二三年一月にロシア国防省がプリゴジンからバフムト方面の指揮権を奪還することを承認。プーチンは、プリゴジンが推すスロヴィキンを司令官から降格させ、一月十一日にゲラシモフ参謀総長をウクライナの戦域司令官に任命したのである。

ロシア国防省指導部とプリゴジンの対立は、バフムトの戦いを背景にクライマックスに向かいつつあった。ショイグ国防相とゲラシモフ参謀総長は、プリゴジンの弱体化とクレムリンへの影響力を失墜させるため、ウクライナ軍の精鋭部隊とワグネルの囚人部隊を「意図的にバフムトで消耗させよう」と画策したのである。

プリゴジンが激しく批判した通り、ロシア国防省は、プリゴジンの囚人募集や弾薬の確保を制限するようになり、ワグネルとプリゴジンは危機的な状況に陥っていく。

二三年三月六日付の『ニューズウィーク』誌によれば、プリゴジンは、弾薬の緊急要求で国防省に手紙を書き、また彼の代理人をショイグやゲラシモフに会わせるために送ろうとしたが、ワグネル一派はロシア軍司令部に出入り禁止になったという。実際三月五日にプリゴジンは、「私は特殊軍事作戦グループの司令官に、弾薬の割り当てが緊急に必要であることを手紙で訴えた。三月六日午前八時、本部の私の代理人はパスを取り消され、出入りを拒否された」と「テレグラム」のメッセージで国防省に不満を述べた。

プーチン大統領やロシア国防省指導部は、ワグネルとウクライナ軍をバフムトで消耗させることで、ウクライナ軍のリソースを奪い、同時にプリゴジンの影響力も削ぐことが可能になると考えたのである。

プリゴジンは二三年三月八日、ロシア軍がバフムト東部をすべて占領したと発表。また同氏は、ロシア国防省がワグネルの部隊にバフムトでの激しい消耗戦の負担を負わせ、バフムト攻略後にワグネルを壊滅させようとしたと非難した。

一方のウクライナ側の被害も甚大だった。かつてロシアに対して大きなアドバンテージがあると考えられていたウクライナ軍の「質」は、一年間の死傷者数によって低下し、経験豊富な戦闘員の多くが戦場を離れたため、一部のウクライナ当局者は、待望の春の攻勢をかけるキーウの準備に疑問を呈したと伝えられた。

米国と欧州の当局者は、二二年二月のロシアのウクライナ侵攻開始から一年間で、十二万人ものウクライナ兵が死傷したと推定。一方、ロシア側の死傷者はその間約二十万人に達したと推計されたが、ロシアの方が軍備は多く、徴兵可能な人口も約三倍に上るため、消耗戦になればロシアが有利になる。

実際、二三年一月上旬からロシアによる攻勢が強まった。ウクライナの軍事情報長官であるブダノフ氏は、米『ワシントン・ポスト』紙のインタビューで、「ロシアはウクライナに三十二万五千人以上の兵士を配置しており、さらに十五万人の動員部隊がまもなく戦闘に参加する可能性がある」と発言。それに対するウクライナの兵力は、多勢に無勢で弾薬も少ない、と悲観的な見通しを述べた。

三月十三日付の同紙は、「過去九年間に米国の訓練を受けたウクライナ軍下級将校の多くが命を失い、侵攻開始時にウクライナ人を敵のロシアから救うのに役立ったリーダー層が弱体化している」という驚くべきウクライナ当局者の証言を引用した。

また侵攻が始まった当初、ウクライナ人は軍隊に志願するために殺到したが、戦争から一年が経過すると、軍に志願しなかった国内の男性は、街で徴兵票を渡されることを恐れ始めるようになったという。死を恐れぬワグネルの戦士たちと戦うのは、どんなに愛国心があっても嫌であろう。

プーチン大統領とロシア軍指導部は、バフムトでワグネルとウクライナ軍が死闘を演じて両者が消耗するのを密かに喜んだのかもしれない。少なくともロシア軍指導部は、バフムトでワグネルに多大な犠牲を出させ、ワグネル部隊を犠牲にして街を占領しながら、同時にプリゴジンの影響力を低下させようと考えたのだろう。ワグネルは文字通り「捨て駒」にされたのである。

しかし、プリゴジンとワグネルは「捨て駒」で終わるような存在ではなかった。バフムトからロシアに戻ると、国防省指導部を権力の座から引きずり下ろすため、何とモスクワに対して武装蜂起をしたのである。

「プリゴジンの乱」はなぜ起きたのか

二三年六月二十三日夜、プリゴジンは、ウクライナへの悲惨な侵攻の結果、軍の指導者が「何万人ものロシア兵を殺害した」と非難し、さらに国防相と陸軍指導部を「懲らしめる」「国の軍事指導部によって広げられている悪を止めなければならない」と述べてモスクワへの進軍を宣言した。

そしてついにワグネルの部隊は、ロシア南部ロストフナドヌーの南部軍管区司令部を占拠し、地方政府庁舎、ロシア連邦保安庁（ＦＳＢ）本部などを何の抵抗もうけずに包囲した。この南部軍管区司令部はウクライナ戦争を担当する司令部の本拠地があるところだ。

これに対してプーチン大統領は、六月二十四日午前のテレビ演説でプリゴジンを糾弾し、同氏が「法外な野心と個人的利益」のために武装反乱を起こし、反逆罪を犯したと非難した。

しかしその後、プリゴジンと個人的にも親しいベラルーシの独裁者ルカシェンコ大統領が仲介に入り、プリゴジンがロシアで刑事責任を問われることなくベラルーシに渡航すること、ワグネルの戦闘員の一部がロシア国防省と契約を結ぶこと、武装反乱に関与したワグネル戦闘員は起訴されないこと等について合意に至ったことが明らかにされた。

プリゴジンは、「流血の事態になるのを防ぐためにワグネルの部隊に訓練場への帰還を命じた」と述べて、モスクワまで約二百キロに迫っていたワグネル部隊の進軍をストップさせたと述べた。

この事件の背景には、これまで述べたように、プリゴジンとロシア軍幹部、とりわけショイグ国防相とゲラシモフ参謀総長との確執があった。ショイグとゲラシモフは、ワグネルへの武器・弾薬の補給を制限してワグネルに対する嫌がらせを続け、プリゴジンとワグネルをバフムトで「捨て駒」にしようとしたのである。

しかし、それでもワグネルは多大な損害を出しながらも四月にバフムトを制圧した。そして五月五日には「武器・弾薬不足」を理由に一方的にバフムトから撤退すると発表。その時プリゴジンはワグネル戦闘員の遺体が多数横たわる中を歩く自らの動画をＳＮＳに投稿し、ロシア国防省指導部を激しく非難した。

「ショイグとゲラシモフは戦争を個人的な娯楽に変えた」「その気まぐれのせいで、想定される水準の五倍もの戦闘員を失った。彼らは自らの行為の責任を問われるべきだ。ロシアではこれを犯罪と呼ぶ」とプリゴジンはまくし立てた。

プリゴジンは、プーチン大統領が侵略の目的の一つとして掲げたウクライナの「非武装化」にロシアが「失敗」し、戦争が見事に裏目に出たことも明言した。非武装化どころか、この侵略によって「ウクライナの軍隊は世界で最も強力な軍隊の一つになり」、ウクライナは「全世界に知られる国家」になった、と皮肉交じりにプーチンの戦争の失敗を指摘したのである。

プリゴジンはロシア富豪や政権幹部の贅沢な生活に対する国民の怒りを引き合いに出し、彼らの家が「投石器」を持った人々によって襲撃されるかもしれない、と革命すら起きかねないと警告。さらにプリゴジンは、ショイグ国防相の娘であるクセニア・ショイグが婚約者でフィットネス・ブロガーのアレクセイ・ストリアロフと中東ドバイで休暇を過ごしているところを目撃されたことを例に挙げて軍幹部たちを非難した。

彼は戦場に送られる貧しい国民と政権幹部のエリートたちの生活の違いを強調し、「この分裂は一九一七年の革命のように、まず兵士が立ち上がり、次に彼らの愛する人たちがそれに続くという形で終わるかもしれない」と警鐘を鳴らした。プリゴジンは、そんな兵士たちによる「革命」を促そうとしたのかもしれない。

プリゴジンはこの時、ワグネルがこのバフムトの戦闘で二万人の戦闘員を失ったことも明らかにした。驚くべき数字である。そしてウクライナによる反転攻勢が今にも本格化しようという時に、「あとはよろしく」とばかり、ワグネルの戦闘員たちを戦場から撤収させ、ロシア正規軍にバフムトを引き渡して去っていった。

もうこの頃にはワグネルとロシア軍は「敵同士」のような関係になっていた。バフムトからロシアへと戻る途中の道路に、ロシア軍が地雷を仕掛けたため、ワグネルの戦闘員たちが地雷を除去しようとしたところ、ロシア軍から発砲を受けたとプリゴジンはSNSで非難。その報復として、六月五日にワグネルの部隊は、発砲を命じたロシア軍の中佐を逮捕し、その模様を動画に撮ってSNSに投稿した。

こうした事態を受けて、プリゴジンの行き過ぎた言動に手を焼いた国防省幹部は、ワグネルを含むすべての非正規部隊を正式に国防省の管理下に組み込むことを決定した。六月十日にショイグ国防相は通達を出し、ワグネルの戦闘員たちに個別に国防省と契約するよう呼びかけ、その期限を七月一日に設定した。この通達が「反乱」の引き金を引いたのだろう。

米戦争研究所は、プリゴジンの反乱の動機として、「ワグネルを独立した部隊として維持する唯一の道は、ロシア国防省に対抗して進軍することであり、ロシア軍内の離反者を確保するつもりだった」と分析している。筆者も同意見である。

プリゴジンは、「ワグネルの部隊を完全に失うよりも、国防省の指導者を変えるために自身の部隊を使うリスクをとることを選んだ」のだと思われる。しかし期待したような軍内の離反者は出ず、プーチンからも「反逆者」呼ばわりされたことから、最終的にベラルーシのルカシェンコ大統領の提案した仲裁案に乗ったのであろう。

しかし、プリゴジンの武装蜂起を「反逆罪」で罰すると誓ったプーチンが、結局プリゴジンやワグネル戦闘員を無罪放免にして決着させることになった。それで済む話なのだろうか？　最大四千人の戦闘員と、装輪装甲車MRAP、T-90M主力戦車、BMP歩兵戦闘車両、パンツィール防空システム、グラドMLRSシステム等で重武装するワグネルの部隊がもしモスクワへの進軍を続けていたら、プーチンはモスクワを守ることが出来ていたのだろうか？　大統領に反乱を起こしても許されるという前例を作ってしまったとすれば、プーチンによる支配は継続するのだろうか？
多くの疑問が残されたが、その疑問は反乱の二カ月後に解消されることになった。

ロシア国家によるワグネルの乗っ取りとプリゴジンの「暗殺」

二〇二三年八月二十四日、ロシアの民間軍事会社ワグネルの創設者プリゴジンが搭乗していた小型機が墜落し、同氏をはじめとするワグネル社の幹部が死亡する衝撃的なニュースが飛び込んできた。それまでの経緯を知っている者にとっては、「やっぱりそうか」と思わせる事件であった。ここでは、六月末の「反乱」から二カ月間何が起きたのかを振り返ってみたい。

六月末のいわゆる「プリゴジンの乱」に際して、プーチンはプリゴジンの命だけは助けてベラルーシで「引退」させることを認めた。プリゴジンを説得して反乱をやめさせたベラルーシのルカシェンコ大統領のメンツを重んじて、ルカシェンコにプリゴジンの身を預けたという見方も可能だろう。

当時は血気盛んなワグネルの戦闘員たちがロシア国内に集結していたことや、ロシア軍内部にもワグネルに同情的な分子が多数いたため、ワグネル戦闘員たちとの流血の衝突を避けるためにも、プーチンは、プリゴジンの処分を穏便に済ませたのだと思われる。

それを裏付ける証言がある。今回のプリゴジンの「死亡」に際して、ワグネルは報復行動をとるのか、という質問を受けたあるワグネル関係者は、「六月末の反乱直後であったらその可能性はあったが今は皆各地に散ってしまっている。夏の休暇を取っている者もいれば、もうすでに別の生活を始めてしまっている者、個別に国防省と契約した者に至るまで様々だ。二週間間くらいはSNSであれこれ言う者がいるだろうが、それで終わりだろう。報復の心配などない」と答えていた。

「プーチンがなぜ反乱の時ではなく、反乱から二カ月経った時点でプリゴジンを「処刑」したのか。その理由の一つは、ワグネルの勢力を文字通り物理的にバラバラに分散させてしまって団結してロシア政府に立ち向かえないようにするために、ある程度の時間が必要だったということがあるだろう。

と同時にプーチンは、ワグネルの巨大なビジネス帝国の利権の乗っ取りを開始していた。ワグネルが保有しているアフリカのビジネスは、毎年数百万ドルの収入をロシアにもたらしていた。スーダンの金（ゴールド）や中央アフリカのダイヤモンドの利権は、西側の制裁下にあるロシアにとって貴重な収入源の一つである。

六月末の反乱の後、ロシアの治安機関は、プリゴジンの所有する様々な会社からPCを含むデータや書類等を押収すると同時に、ワグネルと競合する民間軍事会社はワグネルの戦闘員に対してリクルート活動を展開したことが伝えられた。

しかし、ワグネルや他のプリゴジンの手がけてきたビジネスの多くは、密輸や違法な取引をベースにしているものが多く、正式な契約書のようなものはなく、プリゴジンが非公式に個人のネットワークと信用でアレンジしてきたものが多いとされた。つまり、プリゴジンしか把握していないことがたくさんあったため、ワグネル利権を乗っ取るには一定の時間を要したと考えられる。

ところがプリゴジンは、ワグネルのアフリカ利権を失うのを防ぐために、ロシア政府の計画を妨害しようとアフリカの指導者たちと個別に連絡をとるといった動きを活発化させた。七月末にはサンクトペテルブルクで開催された「ロシア・アフリカサミット」に姿を見せ、アフリカ首脳たちと個別に会談しようと試みた。一部の首脳とは実際に会っている写真が公開された。

しかし、アフリカの首脳たちは、事前にプーチン大統領からプリゴジンとは会わないようにと念を押されていたという。ここからも、プーチンがプリゴジンの動きを快く思っていなかったことがわかる。実際、アフリカの首脳たちはクレムリンの豪華な会議室に招かれたが、プリゴジンは呼ばれず、ロシア連邦軍参謀本部情報総局（GRU）の特殊作戦部門の長官を務めるアンドレイ・アヴェリヤノフ大将が説明をしたという。また、その会議には有名な武器商人のビクトル・ボウトの姿も見られた。

ボウトは、二二年十二月にロシア政府が、当時ロシアで収監されていた米女子プロバスケットボールリーグのスター、ブリトニー・グライナー選手との囚人交換で取り戻した人物だ。かつて国連の報告書で「アフリカ各地の武装集団に対する武器の主要な供給者」と書かれ、米検察当局にも「世界で最も成功した巧妙な武器密売人」と言われた伝説的な武器商人である。

プーチンは、プリゴジンが取り仕切ってきた複雑なネットワークを乗っ取るには、ボウトのような裏取引のプロの助けが必要だと考えたのであろう。これを知ったプリゴジンは、自身が築き上げてきたアフリカのビジネス網が、GRUに乗っ取られることを本気で心配したのではないか。

二三年七月末にはニジェールでクーデターが発生。親米の大統領が追放されると、プリゴジンはすぐにニジェールの新しいリーダーに対してワグネルのサービスを売り込もうと画策し、実際にマリにいるワグネルの幹部がニジェールの指導者と面談したことが伝えられた。

そしてプリゴジンは、七月三十日にSNSの「テレグラム」のチャンネルで録音メッセージを発信し、ワグネルの元戦闘員たちに、「近いうちに大規模な募集をかけるのでコンタクトを取ってくれ」、と告知していた。

「今日、私たちは次の課題を定義しており、その輪郭はますます明確になってきている。もちろん、これらはロシアの偉大さの名の下に遂行される任務だ」

「もしあなたたちが私たちと連絡を取ってくださるのであれば、とてもありがたく思います し、祖国の利益を守ることが出来る新しいグループを作る必要が生じ次第、私たちは必ず募集をかけます」

プリゴジンはこのように述べていた。

そして八月にプリゴジンは中央アフリカやマリに自ら出向き、ワグネルのビジネス継続を画策し、反乱後初めての動画まで公開した。事実上「最後」となった八月二十二日の動画の中で、「ワグネル・グループは偵察・捜索活動を行っている。ロシアをあらゆる大陸でさらに偉大にする！　そしてアフリカをさらに自由に」と述べたのである。

このようにプリゴジンが大口を叩く動画は国際メディアで大きく報じられたが、それから四十八時間後に、プリゴジンを乗せた飛行機が墜落し、彼は帰らぬ人となった。ロシア政府がアフリカにおけるワグネルの利権を乗っ取ろうとしている最中、プリゴジンは新たなミッションのためにウクライナで共に戦ったワグネルの戦闘員たちを呼び戻そうと動き出した。そしてこの行動がプーチンの逆鱗に触れたのであろう。

実は、「プリゴジンの乱」から五日後の六月二十九日に、プーチン大統領はクレムリンにプリゴジンやワグネル幹部を呼び、三時間にわたって協議していた。この会談の模様についてプーチン自身がロシア紙のインタビューで明らかにしている。

それによると、この時プーチンは、ワグネル幹部の一人でロシア内務省元中佐のアンドレイ・トロシェフ司令官の下でワグネルを再編成したらどうかと提案したという。トロシェフは、ウクライナ戦争中にプリゴジンと国防省の主要な連絡役を務めていた人物だとされており、実際には国防省と通じていたのであろう。トロシェフは、六月の反乱後に「プリゴジンを裏切り、国防省との取引に熱心だった」として、ワグネルからは追放されていた。

プーチンは、トロシェフをトップにしてワグネルを再編したらどうかと提案したものの、

2023年８月23日の飛行機の墜落事故によるプリゴジンの死を受け、ロシア各地では追悼の碑が建てられた

プリゴジンは「ワグネルのメンバーたちは受け入れないでしょう」と言ってこの提案を断った、とプーチン自身がインタビューで語っている。

　プーチンからすれば、ワグネルを存続させるための提案までしてプリゴジンの命だけは助けてやったつもりだったのだろう。しかしプリゴジンはベラルーシでの引退生活に飽き足らず、ワグネル利権をロシア軍に渡すまいと抵抗し、ワグネル部隊の再編に乗り出したことから、プーチンは彼の暗殺を命ずるに至ったのではないか。

　今回「撃墜」された飛行機には、ワグネル幹部の中でトロシェフだけが搭乗していなかったという。プーチンは、この「事件」について、「すべての犠牲者の家族に哀悼の意を表したい」と述べ、プリゴジン氏について「才能あるビジネスマンだった」が、「彼は複雑な運命を背負った人物で、人生において重大な過ちを犯した」と述べた。

一度ならず二度も「重大な過ちを犯した」プリゴジンを、プーチンは赦すことはなかったのであろう。

新たな政府系露民間軍事会社と「ワグネル・ビジネスモデル」の終焉

八月二十六日、プーチン大統領は、ワグネルの戦闘員たちにロシア国家への忠誠を誓う署名を命じた。プーチンがワグネルや他の民間軍事会社の従業員に宣誓を要求したのは、こうした組織をより厳しい国家の管理下に置こうとする明確な動きだと言えるだろう。

クレムリンのウェブサイトに掲載されたこの政令は、軍のために仕事をしたり、モスクワがウクライナでの「特別軍事作戦」と呼ぶものを支援したりする者は誰でも、ロシアへの忠誠を正式に誓うことを義務づけている。またこの法令には、宣誓する者は指揮官や上級指導者の命令に厳格に従うことを約束するという一行が含まれている。

今後ロシア政府は、民間軍事会社を国家の管理統制下に置き、活用していくことになるのであろう。当然、ワグネルの利権は、ロシア軍及び軍傘下の別の民間軍事会社が乗っ取ることになるのだろう。

実際、プリゴジンの死亡が発表されると、ロシアの治安部隊やクレムリンに近いオリガルヒとつながりのある民間軍事会社が、数千人規模のワグネルの戦闘員を吸収しようと画策した。その中には、ロシア軍情報将校によって設立され、プーチンに近いオリガルヒが資金を提供し、国営企業によって管理されている会社もある。

その一つ、レドゥート（Redut）社は、中東で活動するロシア企業に警備を提供している。同社は二〇〇八年に元ロシア空挺部隊員や軍事情報部の将校たちによって設立された会社とされる。米政府は二三年二月にこの会社を、「ロシア軍情報機関とつながりがある」として制裁対象にした。

ワグネルの元社員が二三年七月に英国議会で行った証言によれば、レドゥートはプーチンと密接な関係を持つオリガルヒ、ゲンナジー・ティムチェンコが資金提供している会社だという。この人物は英国の議員たちに、シリアで展開するレドゥートの戦闘員は中東のロシア軍から弾薬の支援を受けていると証言した。

またレドゥートは、ワグネルと国防省が過去に敵対関係にあったことを理由に、国防省との契約を拒む元ワグネル戦闘員の受け皿になっていたという。

六月末にワグネルが反乱を起こした後、何人かのワグネルの上級指揮官は同社を見捨ててレドゥートに参加した。

もう一つの有力な会社がコンボイ社である。同社は、プリゴジンと決別する前にワグネルのアフリカ作戦を指揮していたコンスタンチン・ピカロフが率いる会社である。EUは二月にピカロフを制裁対象に指定し、彼が二〇一八年七月に中央アフリカ共和国で三人のロシア人ジャーナリストの殺害を計画したと記している。

プリゴジンが亡くなる直前、ピカロフはコンボイ社がアフリカの八カ国で活動していることを明らかにしていた。「我々はアフリカの軍人に新しい武器を与え、その使い方を教える」と彼はロシアの調査サイト「iStories」に語っていた。

また二三年八月二十一日に「テレグラム」に掲載された広告でコンボイ社は、アフリカでロシアの偵察・攻撃ドローンを指揮するボランティアを募集していると宣伝していた。

クレムリンを批判するロシアの富豪ミハイル・ホドルコフスキー氏が設立したロシアの調査機関「ドシエ・センター」によると、コンボイ社はオリガルヒでプーチンの側近であるアルカディ・ローテンベルクや国営VTB銀行から二二年に数億ルーブルを受け取っていたという。

プリゴジンが亡くなる前日、ロシアのユヌス＝ベク・イェフクロフ国防副大臣はリビアを訪問し、ワグネルがアフリカに進出した最初の国であるリビアの軍閥ハリファ・ハフタル将軍に会ったことが報じられた。米メディアによると、この時同国防副大臣は「ワグネルの部隊を別の民間軍事会社が引き継ぐ」と説明したという。民間軍事会社が戦闘員たちに給料を支払うが、ロシア連邦軍参謀本部情報総局（ＧＲＵ）の将校たちが厳しく管理することも同時に伝えられたという。同紙によれば、この会談にはピカロフ氏も同席しており、彼のコンボイ社が北アフリカのワグネルの利権を引き継ぐ最有力候補になっていると伝えられた。

プリゴジンは様々な分野のビジネスを手掛けてきたが、ロシアの二つのスパイ機関、すなわち対外情報機関である対外情報庁（ＳＶＲ）とＧＲＵが、プリゴジン利権をめぐって争っているとの情報も飛び交った。

またＳＶＲがワグネルのプロパガンダや外国をターゲットにしたネット上の偽情報発信を行ってきた情報関連のアセットを吸収し、国防省とＧＲＵが民間軍事系のビジネス部門を取り込むことで「棲み分け」が出来た可能性も指摘された。この場合、ＧＲＵの管理下でレドゥートやコンボイといったロシアの民間軍事会社が活動する形になるのだろう。
いずれにしても、プリゴジンが自由に動き回りワグネルの利権を拡大させてきた時代は終わったと言える。プリゴジンの個人的なネットワークを通じて、違法な鉱山開発や資源取引でプロジェクトをファイナンスし、民間軍事会社のオペレーションを回すという〝ワグネルのビジネスモデル〟は、終焉を迎えたのである。

ここまでワグネルの物語を主に述べてきたが、この「規格外」の会社を民間軍事会社の歴史にどう位置づけるか、その総括は容易ではない。ワグネルは、民間軍事会社の標準サービスである警備、警護や軍事訓練等を提供する場合もあれば、ヴィネル社のように「政府の代理人」としての役割も果たしていた。またエグゼクティブ・アウトカムズのように戦闘サービスを請け負うだけでなく、途上国で資源開発にも携わり、密輸やマネーロンダリング等の国際犯罪にも手を染めた。ロシアという国家の裏仕事を手掛ける何でも屋として、一時期はその存在や活動を否定していたが、プリゴジンがワグネル設立を公に認めただけでなく、自らSNSで自分たちの活動を公表し、軍や政府を公然と非難し、最後は武装蜂起までしてしまったのである。

この背景にはプリゴジンという個性豊かな人物の存在があり、彼とプーチン大統領の個人的な関係が彼を大胆にさせた可能性を指摘出来るだろう。またそれに加え、プリゴジンがSNSを使って自らの情報を発信し、世界中にフォロワーを拡大させ、行き詰まりをみせるウクライナ戦争に対する人々の不満を背景に、ロシア軍上層部への批判を自らのパワーに変えていったという情報社会の時代的な側面があったことも見逃せない。SNSがなければ、プリゴジンがこれほど効果的にロシア軍上層部を攻撃し、ロシア社会での影響力を強め、自身の力を過信することはなかったのではないか、と思われるからである。

そう考えてみると、今後の世界においては、生成AI、ディープフェイク、自律型ドローンのような、軍隊以外のアクターが容易に入手可能で兵器転用も可能な技術が、ワグネル以上に危険な民間軍事会社を生むおそれがあるのではないか、と思わざるを得ない。

いずれにしても、ワグネルは、プーチン・ロシアの対外戦略の暗部や、政治や軍事エリートたちの利権争い、そして、ロシア社会の閉塞感を反映する鏡のような存在だったと言えるのではないだろうか。

なぜ海外で中国人の安全が脅かされるのか?

二〇一二年一月二十八日、スーダンで拘束事件が発生した。反政府勢力が、スーダン政府と支配権を争っていた石油資源の豊富な南コルドファン州で、中国の道路建設業者が使用していたキャンプを襲撃し、スーダン軍との戦闘の末、二十九人の中国人労働者を拘束したのだ。中国外務省によると、その後、拉致されて行方不明となっていた中国人労働者一人が二月六日までに遺体で発見されたことが確認された。

この中国人労働者の拉致事件は、瞬く間に中国の国家的な問題となり、インターネットのチャットルームでは、彼らの運命についての議論が溢れ、中国共産党中央宣伝部が保有する英字紙『チャイナ・デイリー』は連日一面トップでこの事件を報じた。

このスーダンでの拉致事件直後の一月三十一日には、北アフリカのエジプトでも中国人労働者ら二十五人が遊牧民ベドウィンとみられる武装集団に拘束される事件が発生し、中国社会に衝撃を与えた。

その後も中国人労働者やビジネスマン、そして外交官が襲撃されるような事件は、世界各地で絶え間なく発生するようになる。中国は何十年もの間、不安定な国々に多数の労働者を派遣してきたが、中国人が誘拐やテロの標的にされる機会が増えたのは、中国の国際的なプレゼンスが増大したことと無関係ではない。

「中華民族の偉大なる復興」をスローガンに掲げる習近平国家主席が、二〇一三年に提唱した経済圏構想「一帯一路」は、中国のグローバルなプレゼンスを飛躍的に増大させることになるが、同時に海外に進出する中国企業や中国人の安全に対するリスクも高めることになった。

二〇一三年の九月から十月にかけて、習近平氏は、中国から陸路でバルト海、地中海、インド洋を結ぶ「陸のシルクロード」と、海路でインド洋から欧州、そして南太平洋を結ぶ「海のシルクロード」構想を相次いで提唱。これらのルート上にある途上国の支援を通じて、鉄道や高速道路、港湾施設といった交通インフラを整備する巨大な経済圏「一帯一路構想」を発表した。

東南アジア、南アジア、中央アジアから中東・アフリカまで、八十カ国以上の国々で、資源開発、インフラ建設、通信網整備をはじめとする様々なプロジェクトが構想され、もし実現すれば、地球上の七十%の人口をつなぎ、世界のGDPの五十五%を生み出し、世界のエネルギー資源の七十五%の埋蔵量を抱える巨大な経済圏になる、といった予測まで生まれた。

二〇一四年から二〇一六年の三年間で、中国の「一帯一路」関係国との貿易総額は三兆ドルを超え、中国による「一帯一路」関係国への投資も累計五百億ドルを超えたことが報告され、中国マネーが世界に向かい、中国企業や中国人の海外進出も進んだ。

実際、二〇一六年末までに三万人以上の中国人ビジネスマンが海外を訪れ、百万人を超える中国人労働者が海外で仕事に就くようになった。その大多数は一帯一路関連のプロジェクトのために、政治的に不安定な国々に派遣されるようになったのである。

しかし中国企業が海外に進出する機会が増えれば増えるほど、現地コミュニティとのトラブルや内戦に巻き込まれる等、中国人の安全が脅かされるような事件も増加した。こうした事件の背景やトラブルの原因は多々存在するが、中国企業の海外事業においては概ね「外在的リスク」と「内因性リスク」の二つに分けて考えることが可能だ。

外在的リスクとは、中国の政府、企業や団体等が投資や採掘、または事業を行う国や地域自体に存在する安全に対するリスクである。中国が権益を追求する国々の中には、脆弱な国家や内戦を抱えて各地で紛争が起きている破綻国家も多く、犯罪、テロ、民族紛争、分離独立運動等に中国人が巻き込まれたり、標的にされるリスクが生じる。とりわけ中国が現地のホスト国政府を援助しているとみられてしまうため、反政府勢力から敵対視され攻撃の対象にされることがある。

内因性リスクとは、中国由来のリスク、すなわち中国人自身が現地で引き起こしたことがトラブルに発展してしまうケースを指す。中国企業が進めるプロジェクトにおける劣悪な労働条件や現地経済に与えるネガティブな影響、環境破壊や現地社会の宗教や文化、慣習に対する無関心や無神経な行動による現地コミュニティとの摩擦や軋轢、反中感情の高まりに起因する暴力沙汰等のトラブルのリスクのことである。

とりわけ中国が単純労働者まで中国から派遣し、現地人の雇用が事実上制限されることが多いため、こうした不満や憤りが増幅され、反中感情を高めてしまうケースがある。また、ケニア、ザンビア、南スーダン、モルディブ、マレーシア等で表面化したように、中国が現地政府や有力政治家の腐敗をさらに助長するような政策をとることで、反政府勢力や地域住民の反感を強めてしまうことも多い。

中国の民間警備・軍事業界の誕生

中国企業は、欧米や日本企業と比較すると、従業員や労働者の安全に対する意識が低く、従業員の安全のために企業がコストをかける、という認識が広がったのも二〇一〇年代後半になってからだと考えられる。

二〇〇〇年代初頭に筆者がイラクを訪問した際、日本人が民間軍事会社の武装警護チームに守られ、防弾車両で移動するのに対し、中国人のグループは現地のイラク人たち同様、通常の大型バスにすし詰めにされて運ばれていく様子をよく目にした。

中国政府が国防白書の中で、人民解放軍（PLA）の役割の一つとして、「海外における中国権益の保護」に初めて言及したのは二〇一五年のことである。そしてこの年の一月に中国は、国連平和維持部隊として七百人からなる歩兵大隊を南スーダンに派遣し、PLAの国際協力活動を大きく飛躍させた。

ちょうどこの頃から中国はジブチ政府と基地建設のための交渉を開始し、二〇一六年一月に両国は海軍施設の建設に関する合意を発表。中国は拡大する中国企業のアフリカ進出と自国権益保護のために、初めて海外での軍事基地建設に着手した。こうしたPLAの一連の国際的な動きは、中国政府がこの頃から、海外にいる中国人の安全確保に対する意識を変化させていったことを窺わせる。

しかし外交政策において「内政不干渉」の原則を掲げる北京政府は、中国人の安全確保のためにPLAの地上部隊を海外に派遣することには、引き続き消極的な姿勢を維持している。そこでこの安全保障上のギャップを埋めるために、中国でも軍事・警備部門における民間企業発展の機会が生まれた。

元々中国における民間警備の歴史は浅い。中国国務院が「警備サービス規定（保安服務管理条例）」を公布し、民間警備業に対する中国として初の規制枠組みを公表して民間警備会社を事実上合法化したのは、二〇〇九年九月のことである。

この規制は、主に二種類の民間警備会社、すなわち、「警備会社」と「武装護衛サービス会社」に関するものだが、これらの規則は中国国内で活動する民間警備会社の基本的な法的枠組みを提供することにとどまっており、海外での活動については明確な言及がなされていない。つまり海外における民間警備・軍事企業の活動に関してはグレーな部分が多いのだ。

おそらく中国でもっとも古い民間軍事会社は、二〇〇七年に設立された「中国華衛安保集団（China Hua wei Security Group）」だと思われる。同社は「一帯一路戦略を実践するセキュリティ業界のパイオニアであり、中国人および海外に投資する中国企業に体系的なセキュリティ・サービスを提供している」とホームページで謳い、二〇二三年時点で世界三十四カ国で活動を展開している。

同社は、中国企業の海外インフラ・プロジェクト、海運、石油・ガス事業、物流、倉庫、

2007年に設立された中国の民間軍事会社「中国華衛安保集団（China Hua wei Security Group）」のウェブサイト

その他の施設や人員を守るためのセキュリティ・サービスを提供しており、国際的な民間軍事会社が提供する標準的なサービスを網羅している。

ドゥウェ・セキュリティ（DWSS）も中国の民間軍事業界では「老舗」の一つと言える。同社はアドバイザリー、訓練、海外現場サイトのセキュリティ管理と技術安全保障の四つの柱を通じて、海外で活動する中国企業に総合的なセキュリティ・サービスを提供、世界五十カ国以上で二百を超える顧客の生命と財産を守っている、と謳っている。

顧客リストには中国外務省、商務省、教育省、孔子学院をはじめとする政府系機関の他、中国石油天然気集団公司（SINOPEC）、中国政策集団公司、中国通信建設公司、中国建設工程総公司、産業商業銀行、中国開発銀行といった五十以上の国営企業や海外に展開する中国の大手企業等、錚々たる組織・団体が名を連ねている。

二〇一四年には北京の中国人民公安大学でテロ対策の専門クラスが新設され、市内には民間の警備関連施設が開設されるようになった。当初は英国やイスラエルのインストラクターが招聘され、西側の進んだスキルが取り入れられるようになった。

二〇一八年の調査では、中国で民間警備会社の登録を受ける会社は七千社を超え、警備員の数も三百万人を超えるとされているが、海外で活動する企業数は三十〜四十社程度、その中でもテロや紛争等のハイリスク国でサービスを展開する民間軍事会社は二十社程度と見積もられている。

ブラックウォーター創設者の中国ビジネス

外国の民間軍事会社が中国を新たな市場として捉えるようになったのも二〇一〇年代に入ってからである。

中でも世間の注目を最も浴びたのは、米ブラックウォーター社の創設者エリック・プリンスが香港に設立したフロンティア・サービス・グループ（FSG）であろう。プリンスは二〇〇九年三月にブラックウォーター社の最高経営責任者から身を引き、翌年には同社

（社名をＸｅサービスに変更）を投資会社ＵＳＴＣホールディングスに売却した。

　その後プリンスはＵＡＥのアブダビに移り住み、ＵＡＥ政府向けのセキュリティ・コンサルティングや自伝の執筆をしながら、次の人生設計を立てたという。やがてプリンスは、フロンティア・リソース・グループというプライベート・エクイティ・ファンドを通じてアフリカに数百万ドルを注ぎ込み、ギニアや南スーダン等の鉱物資源や石油採掘に投資した。

エリック・プリンスが香港に設立したフロンティア・サービス・グループ（FSG）

　しかしこの会社が資金調達に苦戦すると、彼は方針を転換して自ら、ＦＳＧを立ち上げた。この新しいベンチャーは、アジアとアフリカ全域でビジネス機会をうかがい、とりわけアフリカビジネスに注力する中国企業に狙いを定めた。プリンスは、地球上で最も危険とトラブルの多いアフリカで、中国の新事業に物流や航空サービスを提供しようと考えたのである。

　ブラックウォーターでの苦い経験から、プリンスは当初、警備・軍事業務には手を出さず、人や物資の移動に焦点を当てた純粋なロジスティックス会社を設立するつもりだったようだ。

プリンスはデジタルTVセットトップボックス事業で中国市場を支配していた香港の起業家ジョンソン・コウと手を組んだ。コウは、二〇一六年に『フォーブス』誌が掲載した「香港で最も裕福な居住者」の四十九位にランクインした人物であった。

プリンスはコウの会社にFSGの買収を依頼し、自身はFSGの会長に就任し、最高経営責任者（CEO）には元米海兵隊員のグレッグ・スミスを就けた。またFSGの二十％の株式を保有することになった中国国有企業CITICグループ（旧中国国際信託投資公司）の中国人経営陣も加わることになった。

FSGの初期の業務は主にアフリカで行われ、同社はケニアの航空会社を買収し、国連や米軍のアフリカ司令部に職員の輸送サービスを提供した。FSGはその後、マルタの航空会社も買収し、ボーイング737型機を使ってレディー・ガガやU2といった音楽界の有名人やスポーツ選手たちの移動を支援するサービスを手掛けた。

しかしFSGは次第に「セキュリティ」の比重を強めていき、アフリカのような過酷な環境下における警備・警護サービス、ロジスティックス支援、そして保険サービスを統合したセキュリティ・ソリューションの提供を「売り」にするようになる。

プリンスのかつての部下は、米『ワシントン・ポスト』紙の取材に対し、「エリックは当時、中国の世界的な勢力拡大のために、彼の持つ軍事的なスキルを提供しようとしていた」と証言し、FSGが100％セキュリティに集中し、会社を挙げて一帯一路プロジェクトの支援に注力していた、と述べている。

しかし米中間の戦略的競争が激化していく中で、「中国の世界的な勢力拡大のため」に尽力するプリンスの姿勢は、米国内で問題視されるようになる。

二〇一七年五月、FSGは中国のセキュリティ訓練施設の株二十五％を取得したことを公表。FSGは、中国最大の民間警備訓練学校と呼ばれる北京の国際安全防衛学院（ISDC）と非公開の金額で契約を結び、中国企業に「世界クラスの訓練コース」を提供すると発表したのである。

プリンスは「一帯一路プロジェクトの関連地域を、安全かつ自信を持って活動するために、必要なセキュリティ・サービスを顧客に提供することを楽しみにしている」とロイター通信による取材で語っていた。

ISDCは二〇一一年に設立。中国における暴力的なテロ攻撃を防ぐために、広く中国人一般に開かれた初めての訓練施設である。それは中国の軍人や警察官にカウンター・テロリズムの訓練を提供する中国で唯一の民間の学校だった。

ISDCの広報資料によれば、同施設は二〇一七年末までに、五千人以上の中国軍関係者、二百人以上人の私服警察官、五百人の特殊武装及び戦術（SWAT）スペシャリスト、二百人の鉄道警察官、三百人の海外憲兵隊員を訓練したという。

しかし、ハイリスク国で中国人の命や中国企業の資産を守るだけでなく、「中国軍や警察官たちに米軍特殊部隊のスキルを教える」という危険水域に踏み込んだプリンスに対し、米軍関係者や米安全保障コミュニティの視線が厳しくなっていく。二〇一八年五月四日に米『ワシントン・ポスト』紙が掲載した「エリック・プリンスの中国ベンチャーの裏側」では、「プリンスが一線を超えた」として、彼が中国に魂を売ったと批判する元同僚の声が引用された。

そして二〇一九年一月に、FSGが新疆ウイグル自治区西部のトゥムスク市に研修施設を建設することで、当局および工業団地と合意したとの発表がなされると、プリンスのFSGに対する不信はピークに達した。

公式発表では、この施設でどのような訓練が行われるのかについては何も明らかにされなかったが、新疆ウイグル自治区当局は、ウイグル族をはじめとするイスラム系少数民族を大量に検挙し、再教育キャンプに収容していることが知られていた。この再教育キャンプでは、イスラム教への帰依を排除し、中国共産党に従順になるよう厳しい洗脳プログラムが施されていると伝えられていた。

当然、「ウイグル」で「研修施設」とくれば、連想ゲーム的にこうした再教育と関係する施設か、もしくはこうした再教育にあたる職員の研修か、それとも共産党政権に抵抗するウイグル系反政府勢力を取り締まるための「対テロ訓練施設」ではないかとの憶測が生まれるのも無理はなかった。そこに元ブラックウォーターの創設者が関わっているとすれば、マスコミが飛びつかないはずはない。

プリンスはまたしても国際メディアの脚光を浴びることになり、「彼の会社が北京政府による新疆ウイグル自治区西部のウイグル族やその他のイスラム教徒に対する大規模な弾圧を手助けし、米国の戦略的競争相手である中国の地政学的アジェンダを推進する可能性がある」、と一斉に非難されるようになった。

プリンスは広報担当者を通じて、新疆ウイグル自治区に建設される施設について「まったく知らないし、関与もしていない」との声明を発表し、この取引を発表した同社の声明は公式ウェブサイトから削除された。

定期的に取締役会が開催されていたはずであり、彼がこの合意内容について「まったく知らないし、関与もしていなかった」というのは信じがたいが、このトゥムスク市との合意がなされた頃には、FSG内のプリンスの影響力が低下していたことは確かであろう。プリンスは二〇一八年十二月には会長職を退き、中国国有企業CITICの常振明氏がFSGの会長に就任。プリンス保有の九%よりも多い二十六%の株式を取得したCITICが、同社への支配力を強めていたのである。

結局、プリンスは二〇二一年四月にFSGのすべての役職を辞任し、同社を去った。同年九月にFSGは、中国の大手ドゥウェ・セキュリティを買収。同社の創業者である李暁鵬氏と買収契約を締結し、李氏が全額出資するドゥウェ・セキュリティの全発行済み株式資本を取得することに合意し、李氏がFSGの最高経営責任者に就任した。

李氏は、二十年以上にわたり北京市や中国中央政府の法執行機関で働き、二〇〇八年の北京オリンピックでは警備調整局のトップを務めた人物である。FSGに対するCITICの支配が確立し、同社の経営メンバーもすべて中国人になった。

二〇二三年六月十二日、バイデン米政権は、FSGを含む四十三の事業体を、「中国軍パイロットの訓練や米国の国家安全保障を脅かすその他の活動で輸出規制リストに追加した」と発表。ＦＳＧは、米国商務省産業安全保障局のブラックリストに掲載されることになったのである。

結局プリンスは、米海軍のエリート特殊部隊シールズや米民間軍事会社大手ブラックウォーター、そしてＣＩＡのエージェントとしての経験とスキルを「中国の世界的な勢力拡大のため」につぎ込んだ挙句、ＦＳＧの支配を中国の警察コミュニティの重鎮たちに乗っ取られ、最終的にＦＳＧを「米国の国家安全保障を脅かす」存在にしてしまったのである。

戦争の本質を映し出す鏡としての民間軍事会社

エグゼクティブ・アウトカムズやブラックウォーター、ワグネルのように中国の民間軍事会社が国際的に注目されることは珍しい。彼らが外国で違法な暴力行為や人権侵害に手を染めたといった報道もほとんど聞かれることはない。国際的な民間軍事、警備の世界では、中国企業はいまだにマイナーなプレーヤーである。

これはこの業界における中国企業の経験の浅さやプレゼンスの低さに由来する。中国の民間軍事会社の経営陣や職員の多くは、人民解放軍（ＰＬＡ）、人民警察、人民武装警察部隊の出身者だとされているが、彼らは中東やアフリカのような海外の危険地域における テロや紛争等、国際的な危機事態への対処の経験が浅いため、欧米やロシアの企業に対して競争力で劣ると言われている。

これは中国が過去数十年間、外国での本格的な戦争を経験していないため、実戦経験のある人材が軍隊に少ないことによるものだと考えられる。

しかし、南アジアから東アフリカまで、一帯一路関連国の脅威環境の急激な変化により、中国人が危険に晒される機会は激増している。六百三十億ドルを投じた中国・パキスタン経済回廊は反政府勢力の暴力の増加に直面し、中国人労働者は頻繁に襲撃に遭遇し、孔子学院の中国人教育者が自爆テロで殺害される事件まで発生している。二〇二一年に米軍が撤退した後のアフガニスタンでは、過激派・イスラム国ホラサーン州の勢力が拡大し、中国権益を標的にすると宣言している。同様にアフリカでも、中国人鉱山労働者に対する殺害や身代金目的の誘拐等の犯罪的暴力が増加しており、海外での中国人の安全確保策は急務になっている。

そこで北京（中国政府）は、西側系の民間軍事会社を使ったセキュリティ確保のモデルを検討したのだろう。当初、ブラックウォーター社創設者エリック・プリンスの投資を歓迎し、FSGの事業を北京が推進したのはそのためであろう。しかし、米中戦略的競争が激化する中で、このモデルは長続きせず、結局は中国側がFSGを乗っ取り、米国人はすべて同社から去ることになった。

ロシアのワグネル・モデルも、中国にはフィットしないだろう。『中国のプライベート・アーミー』（原題 China's Private Army: Protecting the New Silk Road Springer Verlag, Singapore、二〇一六年）の著者で、中国の民間警備・軍事業界の動向に詳しいアレッサンドロ・アルドゥイーノ氏によれば、中国は一時期ワグネルとのパートナーシップを検討した時期があったという。しかし、安定的な官民関係を求める北京にとって、ワグネルのような存在はリスクが高すぎる。根本的に、一帯一路構想が安定を求める一方で、ワグネルは混沌の中で繁栄してきたからだ。

実際、中国の投資が拡大している地域における、規制なきワグネルの無謀な行動のリスクを、中国自身が経験したことがある。二〇二三年三月、中央アフリカ共和国で九人の中国人鉱山労働者が殺害される事件が発生したが、犯行の主体は現地のワグネルの戦闘員だったのではないかとの疑惑が消えず、北京は重武装した民間軍事会社の脅威を目の当たりにしたという。

同年六月に起きたワグネルの反乱は、北京に「ワグネル・モデルのリスク」を十分すぎるほど認識させたことだろう。

中国政府は、民間軍事・警備会社が武器を入手することに厳しい制限を課していることから、海外で活動する中国の民間軍事会社はほとんど非武装での業務に従事しており、武装警備・警護は現地や治安機関等の人員に依存することが多い。

しかし、今後、米中戦略的競争が激化し、中国が海外でパワー（軍事力）を行使する機会や、中国の権益を実力で守りまた奪取するような機会が増えていけば、その中で中国の民間軍事会社に新たな役割が付与される可能性は高い。

ブラックウォーターは、米国政府がイラクやアフガニスタンでの「対テロ戦争」を進める中で生じた特殊なニーズに応える形で生まれ、発展していった。ワグネルも、プーチンの対外戦略の中で一定の役割を見出し、ウクライナ戦争ではロシア軍を補完する形でさらにその活動をエスカレートさせていき、最後にはロシア政府に反旗を翻すまで力を増大させていった。

こうしてみていくと、民間軍事会社とは、国家が対外政策を推し進め、戦争まで突き進んだ際に生まれる様々なニーズ……、時にグレーで正規の軍隊ではなしえない任務であったり、正規軍のリソースが足りない分野のニーズ……、に応える形で発展してきたことが分かる。

中国の民間軍事会社がいまだに発展途上なのは、中国自身の対外政策、端的に言えば、中国が対外戦争をしていないことがその最大の理由である。

今後、中国が本格的に戦力の投射を考える場合、中国政府特有のニーズに基づいて、中国の民間軍事会社に一定の役割が与えられることになるのだろう。そうした初期のニーズを突破口にして、中国の民間軍事会社は独自の発展を遂げる可能性がある。

民間軍事会社は、いい意味でも悪い意味でも、その国の安全保障政策、戦争のあり方を映し出す鏡のような存在だ。逆に言えば、中国の民間軍事会社を観察することで、中国の戦争の本質をより立体的に理解することが出来るだろう。

大国間競争の時代には、平時と有事の境目が曖昧になり、政治的な目的を達成するために、平時から政治、経済、外交、プロパガンダを含む情報、心理戦等が展開され、物理的な戦闘空間よりもむしろサイバー情報空間で戦いが行われている。〝情報の兵器化〟が進み、情報を操作して他国の選挙に介入したり、相手国に危害を加えたり不安定化させる工作活動が活発化しているがゆえに、そうしたスキルを持つ民間軍事会社に「活躍の場」が生まれている。

プーチン・ロシアの攻撃的でダーティーな対外戦略、モスクワの政治・軍事エリートたちの泥沼の利権争い、そして、行き詰まるウクライナ戦争をめぐるロシア社会の閉塞状況がなければ、ワグネルがあそこまで発展し、プリゴジンがあそこまで無謀な行動をとることもなかったかもしれない。

今後、中国が「中華民族の偉大なる復興」という夢を実現しようと対外的な膨張を進め、その政治的な目標を達成するために軍事力を行使しようとすれば、その時に中国の民間軍事会社に新たな役割が与えられることになるのだろう。

あとがき――そこに危機が存在する限り彼らの活動は続く

すでに主要な戦闘が終結し、治安もだいぶ安定していた二〇一〇年に、イラク南部の都市バスラを訪れたことがある。当時、バスラ国際空港に隣接する広大な土地に米軍が基地を構えていた。筆者の身辺警護をしてくれた英国系民間軍事会社が、その基地の一角にある宿営施設を利用しているというので、そこに泊まらせてもらった。

そこは米軍基地の施設内にある「コントラクター用キャンプ」だった。「コントラクター（請負業者）」とは、米軍から様々な業務を請け負っている民間業者のことを指し、武装警備や武器のメンテナンス等を行う民間軍事会社も「コントラクター」に分類される。

基地内には正規軍が居住する区域とは別に、こうした「コントラクター」の人たちが居住する区域があり、民間軍事会社の要員たちは現地に派遣されている期間、そこに滞在する。居住区域は正規軍と区域が分かれているものの、双方は同じ敷地内で暮らしていた。

施設はコンテナハウスでつくられた簡素なもので、彼らはそこで基本的に正規軍の兵士たちと同じような生活を送っている。異なるのは、彼らの身分が民間人ということだけだ。

米軍基地の一角で、民間軍事会社を含めたコントラクターたちが生活しているその様は、正規軍と民間軍事会社の関係性を象徴している。第一章で述べたように、軍が動くところには、必ず民間のコントラクターが一緒に付いていくのである。軍事作戦は正規軍だけでは成り立たず、必ず民間企業が支援する領域が存在する、という言い方も出来るだろう。

もちろん、民間軍事会社が独自にキャンプを構えて軍とは別の施設に宿営地を置く場合もある。アフガニスタンの首都カブールで、英国の民間軍事会社が独自で運営する宿営地を訪れたことがあるが、そこは正規軍の基地と全く変わらない構造や堅牢さを兼ね備えたつくりになっており、外部からは、はたしてそこが軍の基地なのか、民間軍事会社の宿営地かを区別することが困難なほどだった。

二〇一八年十一月にその宿営地がタリバンの襲撃を受け、十名が死亡し二十九名が負傷する事件が発生した。報道によれば、タリバンは自動車爆弾で正面ゲートを爆破し、五名の戦闘員を同施設内に侵入させて民間軍事会社の警備員たちを殺傷したという。

カブールにおいて、軍の基地と変わらない厳しい警備体制を敷いた民間軍事会社の宿営地が、このような凄惨な襲撃を受けたことはそれまでにはなかった。軍の〝別動隊〟的な存在である民間軍事会社を正面から襲撃するという大胆さは、タリバンの攻撃力の高さと自信の強さを示しており、彼らがカブールを制圧するのは時間の問題であることを明確に認識させる事件だった。

本書で何度も指摘している通り、民間軍事会社は各国の安全保障政策や企業のセキュリティ対策を最前線で履行《りこう》する実施部隊である。時に正規軍やその国の治安機関が行かないような場所で活動することもあるため、彼らはその国で起きている事象を政府や正規軍よりも敏感にかつ早くキャッチすることが多い。また、いい意味でも悪い意味でも、その国の安全保障政策や戦争のあり方を映し出す鏡のような存在である。

それゆえ、民間軍事会社の動きや彼らが直面している問題を細かく見ていくことで、その国の治安状況や安全保障上の課題が浮き彫りになってくる。カブールの英民間軍事会社の宿営地が襲撃を受けて正面突破されたという事実は、カブールの治安悪化の深刻度を如実に物語っており、その後に起きる事態を暗示していた。

また正規軍を派遣していない国に、民間の石油会社等の警備や警護の業務を請け負う民間軍事会社が進出しているケースも多い。そうした場合でも、民間軍事会社はその国に駐在している自国の大使館のセキュリティ・チームと連絡を取り合うのが常である。欧米諸国の在外公館には、たいていセキュリティ担当者として軍や情報機関等の出身者が派遣されている。米大使館の場合、伝統的に海兵隊の小さな警護チームが駐留する。

民間軍事会社の元軍人たちと、大使館等にいる軍出身のセキュリティ担当者は、同じ部隊の出身だったり、同じような経験を積んだ人が多いため、仲間意識が強く同じコミュニティの「味方」であるため、官民の垣根を超えて協力し合うことが多い。

何らかの非常事態が発生した際には、こうした垣根を超えたネットワークを通じて情報が飛び交い、相互に連携しながら危機に対処する。日本が海外の危機に弱く、いつも欧米諸国よりも初動対応が遅れてしまう理由の一つは、日本人がこうしたコミュニティにアクセス出来ないのも一因だろう。

民間軍事会社で働く人の多くは、プロジェクトからプロジェクトを渡り歩いている。時には民間軍事会社で働き、またある時は大使館でセキュリティ担当として働くという具合に、このコミュニティの中で転々と職を変えていく。この業界には終身雇用制度のような安定した保証はないので、通常は一年契約、もしくは任されたプロジェクト期間だけの契約になるため、どうしても転々とせざるを得ないのである。

最後にもう一つ、筆者自身の体験をお話ししたい。二〇一八年三月、アフリカの南東部に位置するモザンビークに出張した時のことだ。同国では、二〇一七年十月に北部で武装勢力によるテロが確認されて以降、武装勢力の活動範囲や攻撃能力が拡大。元々地元の武装集団に過ぎなかったイスラム系過激派組織が、その後、過激派イスラム国（ＩＳ）の中央アフリカ支部の傘下組織とみなされるようになり、「ＩＳモザンビーク」と呼ばれるようになった。

筆者が訪れた時は治安が少しずつ悪化していた。武装集団の正体も分からず、同国北部カーボ・デルガド州にある液化天然ガス施設の周辺でテロがぽつぽつと起き始めていたような状況だった。そこで現地の状況を調査するため、天然ガス施設を運営する米国企業の施設を訪れたのだが、現場に着くなりセキュリティ・チームの中に見覚えのある男がいた。以前にイラクで警護の仕事に就いていた英国陸軍特殊部隊出身の男だった。彼はイラクでの契約が終了した後、一時期英国に戻っていたが、「母国では仕事がない」ため、今度はモザンビークに来ていたのだった。やはり、この業界の人たちは危険地を回るのだと再認識させられた。

彼らには治安のよい先進国では仕事がない。紛争やテロの脅威があり、治安のリスクの高い国にこそ彼らの〝仕事場〟がある。だからといって彼らが戦争好きで〝血に飢えている〟というわけではない。危険が潜んでいる所でしか彼らの持つスキルが活かせない、危険地でしか稼げないだけである。彼らは危険地を求める究極の出稼ぎ労働者と言ってもよいかもしれない。

しかし、モザンビーク北部のように国の統治が及ばずにテロ組織の勢力が拡大しているような地域で活動する場合、彼らほど頼りになる存在はいない。

実際に同国北部では、筆者が訪問した後にISモザンビークの活動がさらに活発になって治安が悪化し、二〇二一年三月には液化天然ガス施設近くの海岸沿いの町パルマを数百名のIS戦闘員たちが占拠した。数百名の戦闘員が銃を乱射してこの町に乗り込んできたことから、現地にいた欧米人たちは、あるイタリア人が経営するホテル兼レストランに逃げ込み立て籠もった。液化天然ガス施設で働く石油会社の社員を含め二百名近くの外国人が避難したという。

石油会社のセキュリティ担当者はすぐにあらゆるネットワークを使って救援を要請し、救援部隊との合流場所を調整し、タイミングを見計らってホテルから南アフリカの民間軍事会社ディック・アドバイザリー・グループの救援ヘリが待つヘリポートまで脱出させるオペレーションを指揮した。

彼らは緊急対応のプロフェッショナルである。そして彼らのような存在なしに、危険地での活動は困難だという現実がある。そうした事実も知っていただきたい。

戦争という営みは、人類の長い歴史をみても、正規軍だけで遂行するものではなく、常に民間の支援を必要とした。軍隊は、国際情勢やその時代に応じて拡大したり縮小したりしてきたが、軍隊の力が不足した時に、民間軍事会社が軍隊を補完するために機能してきた。

また政府にとって民間軍事会社は、正規軍の代わりに利用出来るという政治的なメリットもあった。さらに民間企業にとっても元軍人たちのスキルを必要とするセキュリティ上のニーズが存在する。

〝なぜ民間軍事会社がこの世に存在しているのか?〟

安全保障の世界は混沌としている。常に彼らに対するニーズがある。そして彼らが活動する場が存在する。その紛れもない現実や戦争の実情を少しでもお伝えすることが出来たとすれば、本書の使命は達成されたと言えるだろう。

二〇二四年二月　　　　　　　　　　　　菅原出

"Niger coup: Wagner taking advantage of instability - Antony Blinken", BBC August 8, 2023.
"Wagner Mercenary Group Will Pause Recruiting, New Recording Says", July 31, 2023; Telegram "Gray Zone" *The New York Times* (https://t.me/grey_zone/19764).
"Gray Zone" Telegram (https://t.me/grey_zone/20134).
"Wagner Troops Can Keep Fighting, but Without Prigozhin, Putin Says", *The New York Times* July 14, 2023.
"How Putin Uses Payback Politics to Keep Russia Under His Control", *The Wall Street Journal* August 25, 2023.
"Putin orders Wagner fighters to sign oath of allegiance", Reuters August 27, 2023.
"Guardians of the Belt and Road", *IISS research paper* August 17, 2018.
"Sudan Rebels Are Said to Hold Road Crew From China", *The New York Times* January 29, 2012.
"Why Terrorists Will Target China in Pakistan", *Foreign Policy* August 27, 2021.
"Chinese Private Security Contractors: New Trends and Future Prospects", Jamestown Foundation China Brief, May 15, 2020.
"Rise of China's Private Armies", The World Today February & March 2019.
"A Stealth Industry", CSIS Brief, January 2022.
"Behind Erik Prince's China venture", *Washington Post* May 4, 2018.
"Erik Prince company to build training center in China's Xinjiang", Reuters February.
"Blackwater's Erik Prince, China and a new controversy over Xinjiang", *South China Morning Post* February 10, 2019.
"Frontier Services Group founder Erik Prince denies knowledge of Xinjiang training base deal", *South China Morning Post* February 1, 2019.
"Blackwater Founder's New Company Strikes a Deal in China. He Says He Had No Idea.", *The New York Times* February 1, 2019.
"Frontier Services Group denies U.S. allegations on training Chinese military pilots", Reuters June 14, 2023.
"CHINESE PRIVATE SECURITY COMPANIES: NEITHER BLACKWATER NOR THE WAGNER GROUP", *War on the Rocks* December 1, 2023.

Times June 24, 2023.
"Wagner Founder Has Putin's Support, but the Kremlin's Side-Eye", *The New York Times* February 11, 2023.
"Russia's Wagner Group Doesn't Actually Exist", *Foreign Policy* July 6, 2021.
"What is the Wagner Group, the Russian mercenary entity in Ukraine?", *The Washington Post* January 20, 2023.
"Russia's Wagner Fighters Claim Advance Near Bakhmut", *The New York Times* February 12, 2023.
"Prigozhin's Feud With Russia's Military Leaves Questions About Battlefield Results", *The New York Times* February 23, 2023.
「狂気の民間軍事会社ワグネルとウクライナ戦争」『Global Vision』(2023年5月号)
"Wagner Begins Handoff of Ukraine's Bakhmut to Russia's Military", *The Wall Street Journal* May 25, 2023.
"Prigozhin says war in Ukraine has backfired, warns of Russian revolution", *The Washington Post* May 24, 2023.
"Wagner Chief's Feud With Russian Military Cracks Putin's Image of Control", *The Wall Street Journal* May 24, 2023.
"Why Wagner Chief Prigozhin Turned Against Putin", *The Wall Street Journal* June 25, 2023.
"RUSSIAN OFFENSIVE CAMPAIGN ASSESSMENT", *ISW* June 24, 2023.
"'A huge humiliation': failed putsch exposes deep flaws in Putin's regime", *Financial Times* June 26, 2023.
"'He considered himself indestructible' Meduza spoke to Wagner mercenaries about the plane crash that killed Yevgeny Prigozhin", *Meduza* August 25, 2023.
"Putin's Corporate Takeover of Wagner Has Begun", *The Wall Street Journal* July 2, 2023.
"Putin Moves to Seize Control of Wagner's Global Empire", *The Wall Street Journal* June 28, 2023.
"Before Prigozhin plane crash, Russia was preparing for life after Wagner", *The Washington Post* August 25, 2023.
"Wagner boss Prigozhin appears on sidelines of Russia-Africa summit in St Petersburg", *Financial Times* July 27, 2023.
"The Last Days of Wagner's Prigozhin", *The Wall Street Journal* August 24, 2023.

"INSIDE THE UAE'S SECRET HACKING TEAM OF AMERICAN MERCENARIES", Reuters January 30, 2019.
"Putin's War on Ukraine Backfires, Leading to Wagner Uprising at Home", *The Wall Street Journal* June 24, 2023.
"Gray Zone" Telegram (https://t.me/grey_zone/20134).
"INSIDE THE UAE'S SECRET HACKING TEAM OF AMERICAN MERCENARIES", Reuters January 30, 2019.
"AMERICAN HACKERS HELPED UAE SPY ON AL JAZEERA CHAIRMAN, BBC HOST", Reuters APRIL 1, 2019.
"Ex-U.S. Intelligence Officers Admit to Hacking Crimes in Work for Emiratis", *The New York Times* September 14, 2021.
"WHITE HOUSE VETERANS HELPED GULF MONARCHY BUILD SECRET SURVEILLANCE UNIT", Reuters December. 10, 2019.
"Spies for Hire", The Intercept October 24, 2016.
"Deep Pockets, Deep Cover", *Foreign Policy* December 21, 2017.
"New U.S. law requires government to report risks of overseas activities by ex-spies", Reuters January 23, 2020.
"C.I.A. Warns Former Officers About Working for Foreign Governments", *The New York Times* January 26, 2021.
"Three former U.S. intelligence operatives admit to working as 'hackers-for-hire' for UAE", *The Washington Post* September,15, 2021.
"Russia's War in Ukraine: Military and Intelligence Aspects", Congressional Research Service report, September 14, 2023.
"Russian Mercenary Group Says It Has Taken Contested Ukrainian Town", *The New York Times* January 10, 2023.
「ロシア国防省、ウクライナ東部ソレダル制圧発表　半年ぶり戦果か」ロイター日本語版2023年１月14日
"Russian Mercenary Group Says It Has Taken Contested Ukrainian Town", *The New York Times* January 10, 2023.
"Putin's War on Ukraine Backfires, Leading to Wagner Uprising at Home", *The Wall Street Journal* June 24, 2023.
"Gray Zone" Telegram (https://t.me/grey_zone/20134).
"Why Wagner Chief Prigozhin Turned Against Putin", *The Wall Street Journal* June 25, 2023.
"Putin's War on Ukraine Backfires, Leading to Wagner Uprising at Home", *The Wall Street Journal* June 24, 2023.
"'Get out of our way': how Prigozhin's march on Moscow failed", *Financial*

"Blackwater Shooting Scene Was Chaotic", *The New York Times* September 28, 2007.
"Blackwater Guards Tied to Secret C.I.A. Raids", *The New York Times* December 11, 2009.
"C.I.A. Sought Blackwater's Help in Plan to Kill Jihadists", *The New York Times* August 19, 2009.
"C.I.A. Said to Use Outsiders to Put Bombs on Drones", *The New York Times* August 20, 2009.
"Tycoon, Contractor, Soldier, Spy", *Vanity Fair* January 2010.
"Accord Tightens Control of Security Contractors in Iraq", *The New York Times* December 5, 2007.

第四章

飯塚恵子『ドキュメント　誘導工作——情報操作の巧妙な罠』(中公新書ラクレ、2019年)
廣瀬陽子『ハイブリッド戦争——ロシアの新しい国家戦略』(講談社現代新書、2021年)
小泉悠『現代ロシアの軍事戦略』(ちくま新書、2021年)
マラート・ガビドゥリン『ワグネル——プーチンの秘密軍隊』(東京堂出版、2023年)
デービッド・サンガー著、高取芳彦訳『世界の覇権が一気に変わる——サイバー完全兵器』(朝日新聞出版、2019年)
Alessandro Arduino, *China's Private Army Protecting the New Silk Road*, Palgrave Macmillan, 2018.
"FOREIGN FIGHTERS, VOLUNTEERS, AND MERCENARIES: *Non-State Actors and Narratives in Ukraine*", *The Soufan Center*, April 2022.
"How the Wagner Group Is Aggravating the Jihadi Threat in the Sahel", CTC Sentinel, November/December 2022.
"Putin's Proxies: Examining Russia's Use of Private Military Companies", SIS, September 15, 2022.
"UAE orchestrated hacking of Qatari government sites, sparking regional upheaval, according to U.S. intelligence officials", *The Washington Post* July 16, 2017.
"Qatar investigation finds state news agency hacked: foreign ministry", Reuters June 8, 2017.
"Qatar blockade: Saudi-led disinformation war is the tip of the iceberg", *The Middle East Eye* 2 June 2020.

世界最強の傭兵企業』（作品社、2014年）
ボブ・ウッドワード著、伏見威蕃訳『オバマの戦争』（日本経済新聞出版社、2011年）
菅原出『ウィキリークスの衝撃――世界を揺るがす機密漏洩の正体』（日経ＢＰ社、2011年）
菅原出『秘密戦争の司令官オバマ――CIAと特殊部隊の隠された戦争』（並木書房、2013年）
菅原出『戦争詐欺師』（講談社、2009年）
ジョビー・ウォリック著、黒原敏行訳『三重スパイ CIAを震撼させたアルカイダの「モグラ」』（太田出版、2012年）
"CIA bomber struck just before search", *The Washington Post* January 10, 2010.
"In Afghanistan attack, CIA fell victim to series of miscalculations about informant", *The Washington Post* January 16, 2010.
"A CIA spy, a hail of bullets, three killed and a US? Pakistan diplomatic row", *The Guardian* February 20, 2011.
"American who sparked diplomatic crisis over Lahore shootings was CIA spy", *The Guardian* February 20, 2011.
"US give fresh details of CIA agent who killed two men in Pakistan shootout", *The Guardian* February 21, 2011.
"U.S. officials: Raymond Davis, accused in Pakistan shootings, worked for CIA", *The Washington Post* February 21, 2011.
"American Held in Pakistan Shootings Worked With C.I.A.", *The New York Times* February 21, 2011.
"Pakistan Demands Date on C.I.A. Contractors", *The New York Times* February 25, 2011.
"In the Fray-Amid Chaos in Iraq, Tine Security Firm Found Opportunity", *The Wall Street Journal* August 13, 2004.
"How a Contractor Cashed in Iraq", *Legal Times* March 4, 2005.
"Security Firms Try to Evolve Beyond the Battlefield", *The Washington Post* January 17, 2006.
"Private Guards Repel Attack on U.S. Headquarters", *The Washington Post* April 6, 2004.
"Under Fire, Security Firms Form an Alliance", *The Washington Post* April 8, 2004.
"Maliki Alleges 7 Cases When Blackwater Killed Iraqis", *The New York Times* September 20, 2007.

Australian Strategic Policy Institute, March, 2005.
Sean McFate, *Mercenaries and War: Understanding Private Armies Today*, National Defense University Press, Washington D.C., 2019.
菅原出『民間軍事会社の内幕』（ちくま文庫、2010年）

第二章

Eeben Balow, *Executive Outcomes Against all Odds*, 30°South Publishers Ltd., 2018.
Jim Hooper, *Bloodsong!*, HarperCollings, 2002.
Michael Ashworth, “Africa's New Enforcers, What is a mercenary?”, *The Independent* September 16, 1996.
“Bring Executive Outcomes Back to Fight in Sierra Leone”, *Business Day* May 10, 2000.
Eeben Barlow, “Inside the world of private military contractors”, *Al Jazeera interview* January 5, 2020.
P.W シンガー著、山崎淳訳『戦争請負会社』（日本放送出版協会、2004年）

第三章

Melvin A. Goodman, *Failure of Intelligence, the Decline and Fall of the CIA*, Rowman & Littlefield Publishers, Inc., 2008.
George Tenet with Bill Harlow, *At the Center of the Storm, The CIA During America's Time of Crisis*, Harper Perennial, 2008.
Ronald Kessler, *The CIA At War, Inside The Secret Campaign Against Terror*, St. Martin's Press, 2004.
PBS “FRONTLINE” (The Dark Side) によるスティーブ・コール（Steve Coll）のインタビュー（2006年1月12日）
Gary Berntsen and Ralph Pezzullo, *Jawbreaker, The Attack on Bin Laden and Al-Qaeda: A Personal Account by the CIA's Key Field Commander*, Crown Publishers, 2005.
ボブ・ウッドワード著、伏見威蕃訳『攻撃計画――ブッシュのイラク戦争』（日本経済新聞社、2004年）
スティーブ・コール著、笠井亮平訳『シークレット・ウォーズ――アメリカ、アフガニスタン、パキスタン三つ巴の諜報戦争』（上下）（白水社、2019年）
リチャード・クラーク著、楡井浩一訳『爆弾証言――すべての敵に向かって』（徳間書店、2004年）
ジェレミー・スケイヒル著、益岡賢、塩山花子訳『ブラックウォーター――

主な参考文献

第一章

"THE MONTREUX DOCUMENT, On pertinent international legal obligations and good practices for States related to operations of private military and security companies during armed conflict", International Committee of the Red Cross; Swiss Federal Department of Foreign Affairs FDFA, September 17, 2008.

佐野秀太郎『民間軍事警備会社の戦略的意義——米軍が追求する21世紀型軍隊』(芙蓉書房出版、2015年)

Deborah D. Avant, *The Market for Force*, Cambridge University Press, 2005.

Eugene B. Smith, "The New Condottieri and US Policy: The Privatization of Conflict and Its Implications", *Parameters* Winter, 2002-03.

レスリー・ウェイン著、片岡夏実訳「アメリカで進む軍の民営化」『世界』(2003年4月号)

William D. Hartung, "Mercinaries Inc.: How a U.S. Company Props Up the House of Saud", *The Progressive* April, 1996.

Dan Briody, *The Iron Triangle: Inside the Secret World of the Carlyle Group*, John Wiley & Sons, 2003.

Craig Unger, *House of Bush, House of Saud*, Scribner, New York, 2004.

マーク・ブレス&ロバート・ロウ著、新庄哲夫訳『キッドナップ・ビジネス』(新潮社、1987年)

R. クラッターバック著、新田勇他訳『誘拐・ハイジャック・企業恐喝』(読売新聞社、1988年)

David Isenberg, *Soldiers of Fortune Ltd.: A Profile of Today's Private Sector Corporate Mercenary Firms*, Center fo Defense Information, November 1997.

Pratap Chatterjee, "Mercenary Armies and Mineral Wealth", *Covert Action Quarterly magazine* Fall, 1997.

Madelaine Drohan, *Making a Killing*, The Lyon's Press, 2003.

Stuart McGhie, "Private Military Companies: Soldiers, Inc.", *Janes Defense Weekly* May 22, 2002.

Mark Thomson, "War and Profit: Doing Business on the Battle-field",

【著者】
菅原出（すがわら いずる）
1969年生まれ。国際政治アナリスト・危機管理コンサルタント。NPO法人海外安全・危機管理の会（OSCMA）代表理事。オンラインアカデミーOASIS学校長。中央大学法学部政治学科、アムステルダム大学政治社会学部国際関係学科卒。国際関係学修士。東京財団リサーチフェロー、英国系危機管理会社G4S Japan役員などを経て現職。主な著作に、『米国とイランはなぜ戦うのか？』（並木書房）、『「イスラム国」と「恐怖の輸出」』（講談社現代新書）、『戦争詐欺師』（講談社）、『民間軍事会社の内幕』（ちくま文庫）など。

平 凡 社 新 書 1 0 5 7

民間軍事会社
「戦争サービス業」の変遷と現在地

発行日——2024年4月15日　初版第1刷

著者——菅原出
発行者——下中順平
発行所——株式会社平凡社
〒101-0051 東京都千代田区神田神保町3-29
電話 (03) 3230-6573［営業］
ホームページ https://www.heibonsha.co.jp/
印刷・製本—株式会社東京印書館
装幀——菊地信義

ISBN978-4-582-86057-3